공업화학
기출문제
정복하기

9급 공무원 공업화학
기출문제 정복하기

개정2판 발행   2024년 03월 15일
개정3판 발행   2025년 01월 10일

편 저 자 | 공무원시험연구소

발 행 처 | ㈜서원각

등록번호 | 1999-1A-107호

주   소 | 경기도 고양시 일산서구 덕산로 88-45(가좌동)

교재주문 | 031-923-2051

팩   스 | 031-923-3815

교재문의 | 카카오톡 플러스 친구[서원각]

홈페이지 | goseowon.com

모든 시험에 앞서 가장 중요한 것은 출제되었던 문제를 풀어봄으로써 그 시험의 유형 및 출제경향, 난도 등을 파악하는 데에 있다. 즉, 최단시간 내 최대의 학습효과를 거두기 위해서는 기출문제의 분석이 무엇보다도 중요하다는 것이다.

'9급 공무원 기출문제 정복하기 – 공업화학'은 이를 주지하고 그동안 시행되어 온 지방직 및 서울시 기출문제를 연도별로 깔끔하게 정리하여 담고, 문제마다 상세한 해설과 함께 관련 이론을 수록한 군더더기 없는 구성으로 기출문제집 본연의 의미를 살리고자 하였다.

공무원 시험의 경쟁률이 해마다 점점 더 치열해지고 있다. 이럴 때일수록 기본적인 내용에 대한 탄탄한 학습이 빛을 발한다. 수험생은 본서를 통해 변화하는 출제경향을 파악하고 학습의 방향을 잡아 효율적으로 학습할 수 있을 것이다.

1%의 행운을 잡기 위한 99%의 노력!
본서가 수험생 여러분의 행운이 되어 합격을 향한 노력에 힘을 보탤 수 있기를 바란다.

STRUCTURE
이 책의 특징 및 구성

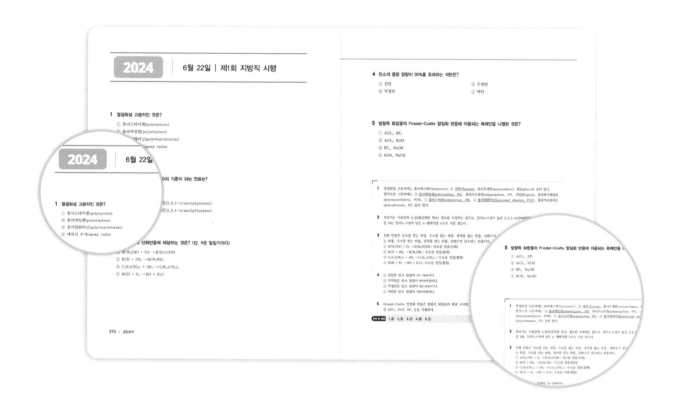

최신 기출문제분석

최신의 최다 기출문제를 수록하여 기출 동향을 파악하고, 학습한 이론을 정리할 수 있습니다. 기출문제들을 반복하여 풀어봄으로써 이전 학습에서 확실하게 깨닫지 못했던 세세한 부분까지 철저하게 파악, 대비하여 실전대비 최종 마무리를 완성하고, 스스로의 학습상태를 점검할 수 있습니다.

상세한 해설

상세한 해설을 통해 한 문제 한 문제에 대한 완전학습을 가능하도록 하였습니다. 정답을 맞힌 문제라도 꼼꼼한 해설을 통해 다시 한 번 내용을 확인할 수 있습니다. 틀린 문제를 체크하여 내가 취약한 부분을 파악할 수 있습니다.

CONTENT
이 책 의 차 례

공업화학

기출문제 정복하기

공업화학

1 3가지 서로 다른 아미노산으로부터 만들 수 있는 트라이펩타이드(tripeptide)의 수는?

① 3   ② 6
③ 9   ④ 12

2 다음에서 이론적으로 질소 함유량이 가장 높은 질소 비료는?

① 황안   ② 염안
③ 요소   ④ 질산칼슘

3 1-브로모-3-나이트로뷰테인(1-bromo-3-nitrobutane)의 4개 탄소 중 카이랄 중심(chiral center)은 몇 번 탄소인가?

① 1번 탄소   ② 2번 탄소
③ 3번 탄소   ④ 4번 탄소

4 가수분해하여 메탄올을 생성할 수 있는 화합물은?

① $C_2H_5COOC_2H_5$

② C_2H_5COOH

③ $C_2H_5COOCH_3$

④ C_2H_5CHO

---

1 $R_1 \neq R_2 \neq R_3$ 이므로 3가지 서로 다른 아미노산으로부터 만들 수 있는 트라이펩타이드의 수는 R_1, R_2, R_3를 배열하는 방법인 6가지이다.

$$NH_2 - \overset{\overset{\displaystyle R_1}{|}}{\underset{\underset{\displaystyle H}{|}}{C}} - \overset{\overset{\displaystyle O}{\|}}{C} - NH - \overset{\overset{\displaystyle R_2}{|}}{\underset{\underset{\displaystyle H}{|}}{C}} - \overset{\overset{\displaystyle O}{\|}}{C} - NH - \overset{\overset{\displaystyle R_3}{|}}{\underset{\underset{\displaystyle H}{|}}{C}} - COOH$$

2 요소의 이론적인 질소 함유량은 약 46%로 질소질 비료 중 황안(질소 함유량 : 21.24%)과 더불어 생산량이 가장 많다.

3 카이랄 중심(비대칭탄소) … 4개의 서로 다른 원자 또는 원자단과 결합하고 있는 탄소를 비대칭탄소라 하고 이 비대칭탄소가 카이랄 중심에 해당한다.

$$b - \overset{\overset{\displaystyle a}{|}}{\underset{\underset{\displaystyle c}{|}}{\overset{\displaystyle \cdot}{C}}} - d \quad [C : 비대칭 \ 탄소(a \neq b \neq c \neq d)]$$

따라서 3번 탄소가 비대칭 탄소, 즉 카이랄 중심이다.

4 $C_2H_5COOCH_3 + H_2O \rightarrow C_2H_5COOH + CH_3OH$(메탄올)

정답 및 해설 1.② 2.③ 3.③ 4.③

5 합성비료의 주원료로 사용되는 암모니아를 공업적으로 대량 생산할 수 있는 하버–보슈(Harber–Bosch) 법에 대한 설명으로 옳은 것을 모두 고르면?

> ㉠ 질소와 공기 중의 수증기가 반응하여 암모니아와 부산물로 산소가 발생하는 반응이다.
> ㉡ 질소 분자는 삼중결합에 의해 매우 안정한 상태로 존재하므로 반응할 때 촉매를 필요로 한다.
> ㉢ 생성물의 몰(mole)수가 반응물의 몰수보다 작으므로, 압력을 높이면 암모니아의 농도가 증가한다.
> ㉣ 정반응이 발열반응이므로 온도가 높아질수록 평형상수 값이 증가한다.

① ㉠, ㉡
② ㉠, ㉣
③ ㉡, ㉢
④ ㉢, ㉣

6 탄산나트륨 제조법 중 반응물로부터 나트륨 변환이 거의 100 %에 가까운 방법은?

① 격막법
② 솔베이법
③ 르브랑법
④ 염안소다법

7 상품명으로 널리 알려진 테프론(Teflon™) 고분자를 형성하는 단량체는?

① $CF_2 = CF_2$
② $CF_2 = CHF$
③ $CHF = CHF$
④ $CF_2 = CH_2$

8 아래의 분자구조를 포함하고 있는 고분자는?

$$- CH_2CHCH_2CHCH_2CH -$$
$$\quad\;\; | \qquad\quad | \qquad\quad |$$
$$\quad\;\; CH_3 \qquad CH_3 \qquad CH_3$$

① 폴리부틸렌(polybutylene)　　　② 폴리프로필렌(polypropylene)

③ 폴리부타디엔(polybutadiene)　　④ 폴리에틸렌(polyethylene)

---

5 하버-보슈(Harber-Bosch)법

$N_2 + 3H_2 \rightarrow 2NH_3 + 22kcal$

※ 암모니아 수득률을 높이기 위한 반응조건

　㉠ 온도를 낮추면 발열 반응(정반응)쪽으로 반응이 진행되어 NH_3의 농도가 증가한다.

　㉡ 압력을 높이면 압력이 낮아지는 방향(기체의 몰수가 감소하는 방향)으로 정반응이 진행된다.

6 탄산나트륨의 제조법

　㉠ 르브랑법 : 상온에서 염화나트륨을 황산나트륨으로 변화시키는 단계, 황산수소나트륨과 염화나트륨을 직열 상태에서 반응시키는 단계, 황산나트륨에 석회석과 석탄 및 코크스를 섞어 고온에서 반응시키는 단계의 3공정으로 이루어지는 탄산나트륨 제조방법으로 1823년 영국에서 공업화되었으나 각 공정마다 장치되는 비용의 증가 및 암모니아소다법에 비해 조업이 비연속적이기 때문에 현재는 사용하지 않는다.

　㉡ 암모니아소다법(솔베이법) : 암모니아를 흡수시킨 식염수에 석회석을 소성하여 얻은 이산화탄소를 흡수시켜 탄산수소나트륨을 석출시킨 다음 여과, 가소하여 탄산나트륨으로 한다. 이 방법의 식염 이용률은 약 70%이다.

　㉢ 염안소다법 : 암모니아 소다법의 개량법으로, 탄산나트륨(소다회)과 염화암모늄(염안)을 얻는 방법. 암모니아를 흡수시킨 식염수를 이산화탄소로 탄산화하여 석출한 탄산수소나트륨을 연소시켜 탄산나트륨으로 하고, 다시 모액에서 염화암모늄의 결정을 분리한다. 이 방법의 식염 이용률은 거의 100%에 가깝다.

7 $CF_2 = CF_2 \rightarrow -(CF_2 - CF_2)_n -$

테프론의 구조식

$$\left(\begin{array}{cc} \overset{\displaystyle F}{\underset{\displaystyle F}{|}} & \overset{\displaystyle F}{\underset{\displaystyle F}{|}} \\ C - C \end{array} \right)_n$$

8 $- CH_2CHCH_2CHCH_2CH -$
　　　　　$| \qquad | \qquad |$
　　　　$CH_3 \quad CH_3 \quad CH_3$

$-(CH_2 - CHCH_3)_n -$ 단량체가 $CH_2 = CHCH_3$(프로필렌)이므로 위 분자구조를 포함하는 고분자는 폴리프로필렌이다.

정답 및 해설　5.③　6.④　7.①　8.②

9 실리콘(Si) 태양전지에 대한 설명으로 옳은 것을 모두 고르면?

> ㉠ 전형적인 실리콘 태양전지는 비소로 도핑된 실리콘 위에 붕소로 도핑된 실리콘의 얇은 층을 쌓아
> 만든다.
> ㉡ 광기전력 효과를 이용하여 태양에너지를 전기에너지로 변환할 수 있는 장치이다.
> ㉢ 단결정 태양전지는 효율이 비교적 낮으나 가격이 저렴해서 주택용 태양발전에 많이 사용되고 있다.
> ㉣ 인(P)으로 도핑된 실리콘은 p-형 반도체를 형성한다.

① ㉠, ㉡   ② ㉠, ㉣
③ ㉡, ㉢   ④ ㉢, ㉣

10 촉매 담체에 대한 설명으로 옳은 것을 모두 고르면?

> ㉠ 담체는 균질계 촉매에서 많이 사용된다.
> ㉡ 다공성 성질을 갖는 물질은 촉매 담체로서 불리하다.
> ㉢ 담체는 기계적 강도가 우수한 것이 좋다.
> ㉣ 알루미나, 실리카, 활성탄 등이 담체로 많이 사용된다.

① ㉠, ㉡   ② ㉠, ㉣
③ ㉡, ㉢   ④ ㉢, ㉣

11 열경화성 수지가 아닌 것은?

① 폴리스타이렌(polystyrene) 수지   ② 페놀(phenol) 수지
③ 에폭시(epoxy) 수지   ④ 멜라민(melamine) 수지

12 유지의 불포화도와 가장 밀접한 관계가 있는 화학 특성치는?

① 산가(AV) ② 요오드가(IV)

③ 비누화가(SV) ④ 과산화물가(PV)

9 ⓒ 단결정 실리콘 태양전지는 변환효율이 좋으나 가격이 비싸다.

ⓔ 인(P)으로 도핑된 실리콘은 n형 반도체를 형성한다.

10 촉매담체 … 촉매 기능을 지닌 물질을 분산시켜서, 안정하게 담아 유지하는 고체이다. 촉매 기능 물질의 노출 표면적이 커지도록 고도로 분산시켜 담지하기 위해서, 보통 다공성이나 면적이 큰 물질이다. 담체는 기계적, 열적, 화학적으로 안정하여야 한다. 실리카, 알루미나와 그 외 여러 가지 금속산화물이 사용된다.

11 열경화성 수지 … 고분자 화합물이 그물 모양으로 결합되어 있어 열을 가해 모양을 만든 다음에는 다시 열을 가해도 부드러워지지 않는 수지로 요소수지, 페놀수지, 에폭시수지, 멜라민수지 등이 있다.

① 폴리스타이렌 수지는 열가소성 수지이다.

12 ① 산가(AV) : 유지에 함유된 유리지방산의 양을 나타내는 수치

② 요오드가(IV) : 유지를 구성하고 있는 지방산에 함유된 이중결합의 수를 나타내는 수치

③ 비누화가(SV) : 유지 1g을 검화하는 데 필요한 수산화칼륨의 mg수를 나타내는 값

④ 과산화물가(PV) : 유지의 자동산화에 의해 생성되는 과산화물의 함유량을 나타내는 값

정답 및 해설 9.① 10.④ 11.① 12.②

13 다음 각 반응들의 반응명칭으로 옳게 짝지어진 것은?

> (가) $H_2C = CH_2 + H_2 \rightarrow CH_3CH_3$
>
> (나) $CH_4 + Cl_2 \rightarrow CH_3Cl + HCl$
>
> (다) $CH_3CH_2Br \rightarrow H_2C = CH_2 + HBr$

	(가)	(나)	(다)
①	첨가반응	제거반응	치환반응
②	첨가반응	치환반응	제거반응
③	치환반응	제거반응	첨가반응
④	제거반응	치환반응	첨가반응

14 1차 알코올로부터 직접 얻을 수 있는 생성물이 아닌 것은?

① 알데하이드(aldehyde) 　　　② 카복실산(carboxylic acid)

③ 케톤(ketone) 　　　④ 에스터(ester)

15 1-butene에 HBr을 첨가반응시켰을 때 얻어지는 주생성물은?

① 2-bromobutane 　　　② 2-bromo-1-butene

③ 1-bromobutane 　　　④ 1-bromo-1-butene

16 글리세롤(glycerol)을 합성하는 방법이 아닌 것은?

① 트리글리세라이드의 가수분해

② 에피클로로하이드린의 가수분해

③ 알릴알코올의 수산화

④ 아세트알데하이드의 알돌 축합 반응

17 다음 석유제품 중 끓는점이 가장 높은 것은?

① 휘발유　　　　　　　　　　　　② 중유

③ 등유　　　　　　　　　　　　　④ 경유

---

13 ㈎ 에텐의 수소 첨가반응

　　　첨가반응 : 이중 결합이나 삼중 결합을 포함하는 탄소 화합물은 이중 결합 중의 약한 결합 하나가 끊어지면서, 원자나 원자단이 첨가되어 단일 결합 화합물로 변함

　ㄴ 메탄의 염소 치환반응

　　　치환반응 : 화합물의 원자·작용기 등이 다른 원자·작용기 등으로 바뀌는 반응

　ㄷ 브로모에탄에서 브롬화수소가 제거되는 반응

　　　제거반응 : 유기화합물에서 간단한 분자가 떨어져 다른 유기화합물로 변화하는 반응

14 ③ 케톤은 2차 알코올을 산화시켜 얻을 수 있다.

　※ 1차 알코올의 반응

　　ㄱ 1차 알코올 ─(산화)→ 알데히드 ─(산화)→ 카르복시산

　　ㄴ 1차 알코올 + 카르복시산→에스터 + 물

15

$$H_2C=CH-CH_2-CH_3 + HBr \rightarrow CH_3-CHBr-CH_2-CH_3$$

　　　　1-butene　　　　　　　　　　2-Bromobutane

16 아세트알데히드의 알돌 축합 반응… 아세트알데히드 2분자가 염기의 작용으로 반응하여 알돌 $CH_3CH(OH)CH_2CHO$를 생성하는 반응

17 끓는점 … 중유>경유>등유>휘발유

정답 및 해설　**13.**② **14.**③ **15.**① **16.**④ **17.**②

18 다음 효소([E])−기질([S]) 반응이 유사 정상상태라 가정할 때, Michaelis−Menten 속도식으로 알려진 단순한 효소촉매반응의 속도식은? (단, $K_m = (k_{-1} + k_2)/k_1$ 이고 $V_m = k_2[E_0]$ 이다)

$$E + S \underset{k_{-1}}{\overset{k_1}{\rightleftharpoons}} ES \xrightarrow{k_2} E + P$$

① $v = k[S]$

② $v = k[S]^2$

③ $v = \dfrac{V_m + [S]}{K_m[S]}$

④ $v = \dfrac{V_m[S]}{K_m + [S]}$

19 벤젠(benzene)과 프로필렌(propylene)으로부터 제조할 수 있는 석유화학 제품이 아닌 것은?

① 페놀(phenol)

② 큐멘(cumene)

③ 아세톤(acetone)

④ 에틸렌 옥사이드(ethylene oxide)

20 다음 반응에 대한 설명으로 옳은 것만을 모두 고르면?

$$
\begin{array}{l}
H_2C-O-\overset{\overset{\displaystyle O}{\|}}{C}-R \\[4pt]
HC-O-\overset{\overset{\displaystyle O}{\|}}{C}-R' \quad + \quad 3NaOH \quad \rightarrow \\[4pt]
H_2C-O-\overset{\overset{\displaystyle O}{\|}}{C}-R''
\end{array}
\quad
\begin{array}{l}
H_2C-OH \\[4pt]
HC-OH \\[4pt]
H_2C-OH
\end{array}
\quad
\begin{array}{l}
Na^{+-}O-\overset{\overset{\displaystyle O}{\|}}{C}-R \\[4pt]
Na^{+-}O-\overset{\overset{\displaystyle O}{\|}}{C}-R' \\[4pt]
Na^{+-}O-\overset{\overset{\displaystyle O}{\|}}{C}-R''
\end{array}
$$

㉠ 일반적으로 R, R', R″는 친수성(hydrophilic)을 가지며, 이는 비누를 물에 잘 녹게 한다.

㉡ 위의 반응을 에스터화(esterification)라고 한다.

㉢ 유지의 주성분은 글리세롤(glycerol)과 지방산이 결합한 화합물이다.

㉣ 위 반응의 생성물은 일반적으로 서로 다른 물질 계면의 표면장력을 높여주는 역할을 한다.

① ㉢

② ㉠, ㉡

③ ㉡, ㉣

④ ㉠, ㉢, ㉣

18 Michaelis–Menten 효소반응식 : $E+S \underset{k_{-1}}{\overset{k_1}{\rightleftharpoons}} ES \underset{}{\overset{k_2}{\longrightarrow}} E+P$

$V = K_2[ES]$

유사 정상상내라 가정할 때,

생성 $[ES] = K_1[E][S]$

제거 $[ES] = (K_2 + K_{-1})[ES]$

$K_1[E][S] = (K_2 + K_{-1})[ES]$

이를 정리하면, $\dfrac{[E][S]}{[ES]} = \dfrac{K_2 + K_{-1}}{K_1} = K_m$

$[E] = [E_0] - [ES]$이므로 위의 식에 대입하여 정리하면 $\dfrac{([E_0] - [ES])[S]}{[ES]} = K_m$

이를 $[ES]$에 대해서 정리하면 $[ES] = \dfrac{[E_0][S]}{K_m + [S]}$

이를 $V = K_2[ES]$에 대입하면 $V = \dfrac{K_2[E_0][S]}{K_m + [S]}$

여기서 V가 최대일 때의 반응속도는 E가 완전히 활성화 한 상태이기 때문에 $V_m = K_2[E_0]$

따라서 $V = \dfrac{V_m[S]}{K_m + [S]}$

19

benzene + propylene → (H₃PO₄) cumene → (O₂) → (H₃O⁺) phenol + acetone

20 비누화반응

트라이글리세라이드   글리세롤   비누

ㄱ 일반적으로 R, R′, R″은 친유성기에 해당한다.

ㄴ 위의 반응을 비누화반응이라고 한다.

ㄷ 위 반응의 생성물인 비누는 계면활성제로 서로 다른 물질의 계면의 표면장력을 낮추는 역할을 한다.

정답 및 해설 18.④ 19.④ 20.①

1 긴 사슬 지방산과 글리세린의 에스터 화합물인 유지의 주성분은?

① 스테아르산   ② 올레산

③ 아라키돈산   ④ 글루코오스

⑤ 트라이글리세라이드

2 계면활성제를 구성하는 구성 요소에서 친수성기에 속하는 작용기는?

① 하이드록시기   ② 나프틸기

③ 알킬기   ④ 페닐기

⑤ 알킬페닐기

3 다음 중 수소(H_2)를 원료로 직접 사용하는 공정을 모두 고르시오.

ㄱ Fischer-Tropsch 공정
ㄴ Hydroformylation 공정
ㄷ Haber-Bosch 공정
ㄹ MTG 공정

① ㄱ, ㄴ   ② ㄱ, ㄹ

③ ㄴ, ㄷ   ④ ㄱ, ㄴ, ㄷ

⑤ ㄴ, ㄷ, ㄹ

4 폴리프로필렌에 관한 설명으로 옳은 것을 모두 고르시오.

> ㉠ 열가소성 합성수지이다.
> ㉡ 프로필렌을 원료로 사용하여 Ziegler-Natta 촉매에 의해 생성된다.
> ㉢ 프로필렌 중합용 촉매로 염화마그네슘, 사염화 티타늄 및 Lewis 염기 복합체로 구성된 촉매가 사용된다.
> ㉣ 어택틱, 아이소택틱 및 신디오택틱 상태로 존재한다.

① ㉠, ㉡, ㉢   ② ㉠, ㉡, ㉣
③ ㉠, ㉢, ㉣   ④ ㉡, ㉢, ㉣
⑤ ㉠, ㉡, ㉢, ㉣

---

1 트라이글리세라이드는 유지의 주성분으로 글리세린 한 분자에 3분자의 지방산이 에스터 결합을 하는 구조이다.

RCOOH   HO – CH₂   RCOO – CH₂
                                에스테르화
R′COOH   +   HO – CH   ⇌   R′COO – CH + 3H₂O
                                가수분해
R″COOH   HO – CH₂   R″COO – CH₂

지방산   글리세린   트라이글리세라이드

2 용액에서 표면 혹은 계면에 흡착되어 용액의 표면장력과 계면장력을 낮추고 기름을 유화시키는 등의 특징을 가진 화합물을 계면활성제라 한다. 계면활성제 분자의 한쪽에는 물과 친수성이 큰 친수성기가 있고 그 반대에는 기름과 친화성이 큰 친유성기가 있는데 황산기($OSO_3{}^{2-}$), 아황산기($OSO_2{}^{2-}$), 히드록시기(OH^-), 암모늄기($NH_4{}^+$), 인산기($OPO_3{}^{3-}$) 등이 친수성기에 해당한다.

3 ㉠ Fischer-Tropsch 공정 : 촉매를 사용해서 일산화탄소를 수소화하여 인공석유를 얻는 합성법
㉡ hydroformylation 공정 : 올레핀과 일산화탄소와 수소를 촉매의 존재하에 반응시켜 포화 알데히드를 생성하는 방법
㉢ Haber-Bosch 공정 : 철 촉매를 써서 고온, 고압에서 수소와 질소로부터 암모니아를 합성하는 방법
㉣ MTG공정 : 촉매를 사용하여 메탄올을 가솔린으로 전화시키는 공정

4 폴리프로필렌 … 석유에서 얻은 프로필렌을 Ziegler-Natta 촉매로 중합시킨 것. 첨가중합에 의해 생긴 고분자 화합물 중의 하나이며 열가소성 수지이다.

정답 및 해설 1.⑤ 2.① 3.④ 4.④

5 황산에 관한 설명 중에서 틀린 것을 고르시오.

① 진한 황산은 물에 용해될 때 많은 열을 발생하면서 수용액이 된다.

② 황산의 농도를 표시하는 데 공업적으로 보메도(Baume' degree)를 사용한다.

③ 이산화황을 산화시켜 삼산화황을 제조하는 반응은 흡열반응이기 때문에 반응의 평형을 생성물 쪽으로 이동하기 위해서는 가능한 한 높은 온도에서 반응이 진행되어야 한다.

④ Monsanto process에서는 촉매를 사용하여 이산화황으로부터 삼산화황을 제조한다.

⑤ 삼산화황 제조 공정에서 초기에는 백금촉매를 주로 사용하였으나, 최근에는 대부분 오산화바나듐에 조촉매로써 황산칼륨을 가한 촉매를 사용한다.

6 원유에 포함된 황 불순물 중 가장 문제가 되는 것이 싸이올(thiol)로, 악취가 심하기 때문에 석유 유분의 제품화를 위해서는 싸이올의 제거가 필요하다. 이와 같이 싸이올을 제거하는 과정을 무엇이라고 하는가?

① 중합

② 열분해

③ 스위트닝

④ 수소화 정제

⑤ 증류

7 아래 보기에서 2차 전지에 속하는 것은?

① 망간 전지

② 알칼리 전지

③ 수은 – 아연 전지

④ 납축전지

⑤ 산화은 전지

8 다음 중 황산화물을 제거하기 위한 수소화탈황 촉매와 질소산화물 제거를 위한 선택적촉매환원법에 각각 산업적으로 가장 널리 사용되는 촉매로 올바르게 짝지어진 것을 고르시오.

① 수첨탈황공정 – $CoMo/Al_2O_3$, 선택적촉매환원법 – Fe_3O_4/Al_2O_3

② 수첨탈황공정 – NiW/Al_2O_3, 선택적촉매환원법 – $CoMo/Al_2O_3$

③ 수첨탈황공정 – Pt/Al_2O_3, 선택적촉매환원법 – V_2O_5/TiO_2

④ 수첨탈황공정 – Ag/Al_2O_3, 선택적촉매환원법 – $CoMo/Al_2O_3$

⑤ 수첨탈황공정 – $CoMo/Al_2O_3$, 선택적촉매환원법 – V_2O_5/TiO_2

---

5 접촉식 황산 제조법 : $SO_2 + O_2 \xrightarrow{V_2O_5} SO_3 \xrightarrow{H_2O} H_2SO_4$
오산화바나듐 촉매의 존재하에서 이산화황을 삼산화황으로 산화시켜 황산을 만드는 방법이다. 이산화황을 산화시켜 삼산화황을 제조하는 반응은 발열반응이기 때문에 낮은 온도를 유지하면서 촉매를 사용해야 삼산화황의 생성이 촉진된다.

6 스위트닝 … 가솔린, 등유 등의 유분에 함유되는 싸이올(thiol)을 산화 탈수소하여 이황화물로 변화시켜 불쾌한 냄새와 부식성을 제거하는 조작과정이다.

7 2차 전지란, 화학물질이 소모되어도 다시 충전하여 사용할 수 있는 전지(가역전지)를 뜻한다.
2차 전지의 대표적인 예로 납축전지, 니켈-카드뮴 전지, 리튬-이온 전지 등을 들 수 있다.

8 ㉠ 수소화탈황(수첨탈황) : 석유의 각 유분에 불순물로 혼입해 있는 황화합물을 수소화 반응에 의해 제거하는 방법. 주로 코발트-몰리브덴-알루미나계 촉매를 사용한다. ($CoMo/Al_2O_3$)
㉡ 선택적촉매환원법 : 화학 연료의 사용에 따라 발생하는 질소산화물을 배출하기 전에 유해하지 않은 물질로 전환시키는 방법. 사용 빈도가 높은 촉매로 V_2O_3, TiO_2 등이 있다.

정답 및 해설 5.③ 6.③ 7.④ 8.⑤

9 다음 제올라이트(Zeolites)에 관한 설명 중에서 옳지 않은 것은?

① 결정성 aluminosilicate로 규칙적인 세공과 채널을 가지고 있다.

② 약 40여 종의 천연제올라이트가 알려져 있고, 인공제올라이트는 일반적으로 수열합성법으로 제조한다.

③ 표면적이 넓기 때문에 값비싼 촉매인 백금족 금속 촉매들의 지지체로도 응용된다.

④ 골격 밖에 존재하는 양이온이 H^+이온으로 치환되면 Lewis 산점이 생성되고 고온에서 가열하면 물이 제거되면서 Brönsted 산점이 생성된다.

⑤ 균일한 세공을 가진 특성을 이용하여 형상선택성 촉매반응에 사용되며, 건조제, 이온교환, 흡착제로도 응용된다.

10 연료전지에 관한 설명이 올바르게 짝지어진 것을 고르시오.

> ⊙ 연료전지 중에서 가장 먼저 상용화되었으며, 전극으로 백금 또는 니켈을 분산시킨 탄소 촉매를 사용한다.
>
> ⓒ 전해질로서 yttria stabilized zirconia를 사용한다.

① ⊙ – 인산형 연료전지   ⓒ – 용융탄산염 연료전지
② ⊙ – 고체산화물 연료전지   ⓒ – 알칼리 연료전지
③ ⊙ – 인산형 연료전지   ⓒ – 고체산화물 연료전지
④ ⊙ – 고체산화물 연료전지   ⓒ – 고분자 전해질 연료전지
⑤ ⊙ – 용융탄산염 연료전지   ⓒ – 고체산화물 연료전지

11 에틸렌(ethylene)을 원료로 하여 석유 화학 제품을 만들 때 적용되는 화학 반응의 예가 아닌 것은?

① 중합 반응   ② 알킬화 반응
③ 염소화 반응   ④ 증류 반응
⑤ 수화 반응

12 다음 설명과 가장 거리가 가까운 염료는?

- 물에 불용성이나 알칼리 용액에서 환원하면 수용성화합물로 변한다.
- Leuco 화합물형태로 섬유에 염착한다.
- 안트라퀴논계와 인디고이드계로 구분한다.

---

① 배트염료

② 산성염료

③ 직접염료

④ 분산염료

⑤ 매염염료

---

9 제올라이트 ··· 결정성 알루미노 규산염의 하나로 균일한 세공을 지니고 있는데 40여 종의 천연제올라이트와 80여 종의 합성 제올라이트까지 합쳐 현재까지 약 130여 종의 다양한 세공구조를 가진 제올라이트가 알려져 있다. 제올라이트는 구조상 특징에 따라 이온교환제, 촉매, 흡착제 및 탈수제 등 여러 가지 용도로 사용되고 있다.

10

형태	촉매	전해질	운전온도
알칼리형(AFC)	platinum on carbon	수산화칼륨(액체)	$80\,^{\circ}C$
고분자 전해질형(PEMFC)	platinum on carbon	나피온 Dow 폴리머	$85 \sim 100\,^{\circ}C$
직접 메탄올(DMFC)	$Pt-Ru$ or Pt/C	polymer membrane	$25 \sim 130\,^{\circ}C$
인산형(PAFC)	platinum on PTFE/carbon	인산(액체)	$200\,^{\circ}C$
용융탄산염형(MCFC)	니켈이나 니켈 화합물	Lithium or potassium carbonate(액체)	$650\,^{\circ}C$
고체산화물형(SOFC)	니켈/Zirconia cermet	Yttria−stabilized zirconia(고체)	$1,000\,^{\circ}C$

11 ① 에틸렌의 중합 반응→폴리에틸렌
② 에틸렌의 알킬화 반응→에틸벤젠 (탈수소화반응)→스티렌
③ 에틸렌의 염소화 반응→염화비닐 (중합반응)→PVC
⑤ 에틸렌의 수화 반응→에탄올

12 ① 배트염료 : 물에 녹지 않는 염료에 알칼리성 환원제인 하이드로설파이트와 수산화나트륨을 가하여 가온하면 생기는 류코화합물을 공기 산화시켜서 만들어지는 염료이다. 인디고·싸이오인디고와 이들의 유도체인 인디고이드 염료 및 안트라퀴논 유도체계 염료가 있다.
② 산성염료 : 산성 수용액에서 동물성 섬유와 나일론 등의 폴리아미드 섬유를 염색하는 수용성 염료로 술폰산기나 카르복시기를 갖는다. 일반적으로 폴리아조계가 가장 많다.
③ 직접염료 : 중성염 수용액에서 셀룰로오스를 염색하는 수용성 염료이다. 아조 염료가 대부분이며 무명의 염색에 주로 이용된다.
④ 분산염료 : 물에 난용성이지만 분산제를 이용하여 물 속에서 분산시켜 소수성인 아세테이트, 나일론, 폴리에스테르 등의 합성 섬유에 염착한다.
⑤ 매염염료 : 산성염료와 같은 염색성을 가지며 분자 내에 금속 이온(주로 크롬 이온)과 착염을 형성할 수 있는 원자단을 가진다. 명주, 털, 광목의 염색에 사용된다.

정답 및 해설   9.④   10.③   11.④   12.①

13 α(알파)선 방사선에 대한 설명만으로 짝지어진 것은?

> ㉠ 세 종류의 방사선 가운데 크기가 가장 크고 무겁다.
> ㉡ 전기장에서 양극쪽으로 휘는 음전하를 가진 입자이다.
> ㉢ 투과력이 약하지만, 감광작용, 형광작용, 전기작용은 가장 강하다.
> ㉣ 전리작용이 가장 크기 때문에 얇은 두께의 물질일 경우에도 쉽게 에너지를 잃어 +2의 전하로 전리한다.
> ㉤ 0.01~1Å 정도로 파장이 매우 짧은 전자기파의 일종이다.

① ㉠, ㉡, ㉢　　　　　　　　　　② ㉠, ㉢, ㉣
③ ㉡, ㉢, ㉤　　　　　　　　　　④ ㉠, ㉡, ㉢, ㉣
⑤ ㉠, ㉢, ㉣, ㉤

14 센물, 산성 수용액, 염기성 수용액 중에서도 계면활성기능을 유지하는 계면활성제로 유화제, 가정용 세제, 샴푸 등에 널리 사용되며, 폴리에틸렌글리콜형과 다가알코올형이 있는 계면활성제는?

① 음이온성 계면활성제　　　　　　② 양이온성 계면활성제
③ 양쪽성 계면활성제　　　　　　　④ 비이온성 계면활성제
⑤ 특수 계면활성제

15 다음 비료에 대한 설명으로 옳은 것을 모두 고르시오.

> ㉠ 비료의 3요소인 N, P_2O_5, K_2O 중 2성분 이상을 포함하는 비료를 복합비료라 한다.
> ㉡ 배합비료는 비료를 혼합하는 과정에서 화학 반응이 일어나면서 입자화가 이루어진 비료를 의미한다.
> ㉢ 황안, 요소, 염안, 질안, 용성인비는 질소질 비료에 해당한다.
> ㉣ N, P_2O_5, K_2O의 함유량의 합계가 60%를 기준으로 고도화성비료와 저도화성비료를 구분한다.
> ㉤ 우레아포름은 완효성비료의 일종이다.

① ㉠, ㉡　　　　　　　　　　　　② ㉠, ㉤
③ ㉡, ㉤　　　　　　　　　　　　④ ㉠, ㉢, ㉤
⑤ ㉠, ㉡, ㉣, ㉤

16 다음 설명에 가장 적합한 화합물은?

> • 벤젠과 무수프탈산을 Friedel-Craft 응축 반응시켜서 벤조일벤조산을 얻고, 벤조일벤조산으로부터 이 화합물을 제조한다.
> • 안트라센을 직접 산화시켜서 제조할 수 있다.
> • 주 용도는 염료와 안료 생산에 사용된다.

① 사이클로헥사논
② 알킬벤젠
③ 클로로벤젠
④ 하이드로퀴논
⑤ 안트라퀴논

---

13 알파선 … (+)전하를 띤 헬륨(He) 원자핵의 흐름을 말하고, 전기장 속에서 (−)극 쪽으로 휜다. 투과력이 약하여 종이 한 장으로 차단이 가능하다. 기체를 이온화시키는 전리작용, 사진 필름 감광작용, 형광작용, 세포파괴작용 등을 한다.

종류	본체	전하량	투과력	전리작용	전기장에서의 방향	작용
α선	He^{2+}	$+2e$	약하다	크다	(−)극 쪽으로 휨	감광, 형광, 세포파괴
β선	e^-	$-e$	중간	중간	(+)극 쪽으로 휨	
γ선	전자기파	0	크다	약하다	직진	암 치료에 이용

14 ① 음이온성 계면활성제 : 물에 용해되었을 때 해리되어 음이온이 계면활성을 나타내는 것으로, 세제로 사용된다.
② 양이온성 계면활성제 : 물에서 해리되어 양이온이 계면활성을 나타내는 것으로, 섬유 유연제로 사용된다.
③ 양쪽성 계면활성제 : 친수기에 양이온과 음이온으로 해리되는 부분이 있어 알칼리성 용액에서는 음이온으로, 산성 용액에서는 양이온으로 작용한다.
④ 비이온성 계면활성제 : 수산기, 에테르와 같은 해리되지 않는 약한 친수기를 여러 개 가지고 있으며, 수중에서 해리되지 않기 때문에 모든 이온성 계면활성제 범용으로 사용이 가능하다. 고급 알코올, 알킬페놀의 산화에틸렌부가물, 디에스테르 지방산 알칼로이드 및 그 산화에틸렌부가물 등이 있다. 세제의 원료로 중요하고 세척력과 생분해성이 뛰어나 점차 사용이 증가하고 있다.

15 ㉡ 화성비료이다.(배합비료 : 비료성분을 혼합시키거나 화학적으로 결합되도록 만든 비료를 의미한다.)
㉢ 황안, 요소, 염안, 질안은 질소질 비료에 해당하나 용성인비는 인산질 비료에 해당한다.
㉣ 성분 합계량 30%를 기준으로 저도화성 비료와 고도화성 비료로 구분한다.

16 안트라퀴논의 합성방법
㉠ 안트라센 산화
㉡ 염화알루미늄를 사용해 벤젠과 무수프탈산의 축합(프리델-그래프츠 반응)
㉢ 나프토퀴논과 1,3-디온을 사용한 딜스-알더 반응
㉣ 안트라퀴논의 고전적 반응인 밸리-스콜 반응(Bally-Scholl synthesis)

정답 및 해설 13.② 14.④ 15.② 16.⑤

17 식물의 단백질, 효소 등은 (　　)가 주요 구성 원소 중의 하나이므로 (　　)는 식물에 있어서 매우 중요한 원소이다. 그런데 식물의 대부분은 대기로부터 (　　)를 직접 흡수할 수 없고, 토양으로부터 흡수도 원활하지 못하므로 비료로 보충해 줄 필요가 있다. (　　)에 적합한 구성원소는?

① 철
③ 구리
⑤ 산소
② 질소
④ 인

18 자일렌(Xylene)에 관한 설명 중에서 옳지 않은 것을 고르시오.

① 녹는점은 p-Xylene > o-Xylene > m-Xylene 순서이다.
② UOP의 Parex 공정은 분자체를 사용하여 m-Xylene과 p-Xylene을 분리하는 공정이다.
③ p-Xylene과 m-Xylene의 끓는점은 10℃ 이상의 차이를 보인다.
④ o-Xylene으로부터 무수프탈산을 제조할 수 있다.
⑤ p-Xylene으로부터 테레프탈산을 제조할 수 있다.

19 다음 설명에 알맞은 수지들로 짝지어진 것을 고르시오.

㉠ 비스페놀A와 에피클로로하이드린과의 반응에 의해 생성되는 소중합체 ㉡ 비스페놀A와 포스겐의 축합반응에 의해 생성

① ㉠ – 에폭시수지,　　　　　　　　　㉡ – 폴리카보네이트수지
② ㉠ – 페놀수지,　　　　　　　　　　㉡ – 멜라민수지
③ ㉠ – 에폭시수지,　　　　　　　　　㉡ – 페놀수지
④ ㉠ – 멜라민수지,　　　　　　　　　㉡ – 폴리카보네이트수지
⑤ ㉠ – 폴리카보네이트수지,　　　　　㉡ – 에폭시수지

20 아이소뷰텐(iso-butene)과 아이소뷰테인(iso-butane)의 알킬화 반응에 의해서 아이소옥테인(iso-octane)을 제조하는 공정에서 황산(H_2SO_4)이나 불산(HF)을 촉매로 사용하는데 이 촉매의 명칭으로 올바른 것은?

① Fischer-Tropsch 촉매

② Friedel-Crafts 촉매

③ Ziegler-Natta 촉매

④ Wilkinson 촉매

⑤ Wacker 촉매

---

17 질소는 대기에서 발견되며 원소 중 우주에서 여섯 번째로 많다. 동물의 경우 식물이나 동물의 단백질을 섭취하여 조직 단백질에 필요한 질소를 얻는 반면, 식물은 토양에 있는 무기 질소 화합물이나 공기 중에서 결합하지 않은 상태의 질소로부터 단백질을 합성한다. 그러나 식물의 경우 공급이 원활하지 않아 비료를 통해 질소를 보충해 주어야 할 필요가 있다.

18

o-Xylene

(b.p : 약 144℃)

m-Xylene

(b.p : 약 139℃)

P-Xylene

(b.p : 약 138℃)

19 • 에폭시수지 : 비스페놀A와 에피클로로하이드린과의 반응에 의해 생성

• 폴리카보네이트수지 : 비스페놀A와 포스겐의 축합반응에 의해 생성

• 페놀수지 : 페놀과 포름알데히드의 축합반응에 의해 생성

• 멜라민수지 : 멜라민과 포름알데히드의 축합반응에 의해 생성

20 ① Friedel-Crafts 촉매 : 알킬화 촉매

③ Ziegler-Natta 촉매 : 중합 촉매

④ Wilkinson 촉매 : 수소화 촉매

정답 및 해설 17.② 18.③ 19.① 20.②

1 원자 반경과 이온 반경에 대한 설명으로 옳은 것만을 모두 고른 것은?

⊙ 원자 반경은 같은 주기에서 원자번호가 증가할수록 감소한다.
ⓒ 원자 반경은 같은 족에서 원자번호가 증가할수록 증가한다.
ⓒ 동일원소에 대하여 음이온의 반경은 원자 반경에 비하여 크다.
ⓔ 주기율표에서 이온 반경과 원자 반경의 크기 변화는 동일한 경향성을 나타낸다.

① ⊙, ⓒ   ② ⓒ, ⓔ
③ ⊙, ⓒ, ⓔ   ④ ⊙, ⓒ, ⓒ, ⓔ

2 니켈 촉매 상에서 수소를 첨가시켜 경화유를 제조할 수 있는 지방산은?

① 라우르산(Lauric acid)
② 올레산(Oleic acid)
③ 팔미트산(Palmitic acid)
④ 스테아르산(Stearic acid)

3 점결성(viscous property)이 커서 건류할 때 다공성의 코크스를 형성하기 때문에 금속제련공업에 많이 이용되는 석탄의 종류는?

① 무연탄   ② 역청탄
③ 갈탄   ④ 이탄

4 S_N1 친핵성 치환반응의 반응속도를 가장 빠르게 하는 용매는?

① 클로로포름   ② 에탄올

③ 물 50 % + 에탄올 50 %   ④ 물

5 질소비료의 효과를 지속시키는 완효성 비료(slow release fertilizer)에 대한 설명으로 옳지 않은 것은?

① 물에 대한 용해도가 낮고, 분해 속도가 빠르다.

② 산림용 비료에 적합하다.

③ 우레아포름, 황산구아닐요소 등이 있다.

④ NO_3^- 혹은 NH_4^+ 등의 이온을 서서히 공급할 수 있어야 한다.

---

1 ④ 옥텟규칙을 통해 원자 반경은 같은 주기에서 원자번호가 증가할수록 감소하지만, 같은 족에서는 원자번호가 증가할수록 증가한다. 음이온의 반경은 원자 반경에 비하여 크고, 이온 반경과 원자 반경의 크기가 변화하는 동일한 경향성을 나타낸다.

2 ① 라우르산 : 탄소수 12개의 일염기성 포화 노르말 사슬 지방산
② 올레산 : 올리브유에 포함되어 있는 지방산의 주성분
③ 팔미트산 : 지방산으로서 동식물의 유지성분
④ 스테아르산 : 탄소수 18개의 노르말 사슬 포화 지방산

3 ① 무연탄 : 휘발 성분이 가장 적고 고정탄소가 가장 많다.
② 역청탄 : 흑탄이라고도 하며 탈 때 특유의 악취가 난다.
③ 갈탄 : 흑갈색을 띠며 휘발성분이 40% 정도이다.
④ 이탄 : 발열량이 적고 연탄의 재료가 된다.

4 ④ 물은 극성이 강한 용매로서 친핵성 치환반응의 반응속도가 빠르다.

5 완효성 비료는 산림용 비료에 적합하다. 우레아포름, 황산구아닐요소 등이 있고 NO_3^- 혹은 NH_4^+ 등의 이온을 서서히 공급할 수 있다.
① 물에 대한 분해 속도가 느리다.

정답 및 해설 1.④ 2.② 3.② 4.④ 5.①

6 폴리프로필렌을 합성하기 위한 중합반응 중 전이금속이 포함된 메탈로센 촉매를 이용하는 것은?

① 라디칼 중합　　　　　　　　　　② 전해 중합

③ 배위 중합　　　　　　　　　　　④ 축합 중합

7 계면활성제는 HLB 값에 따라 용도가 나뉜다. 다음 중에서 가장 작은 HLB 값을 가진 계면활성제의 용도로 적합한 것은?

① 소포(defoaming)　　　　　　　　② 세정(washing)

③ 침투(penetrating)　　　　　　　　④ 가용화(solubilizing)

8 전기화학적 방법을 이용하여 Cu금속을 용출($Cu \rightarrow Cu^{2+} + 2e^-$)시키고자 한다. 10 A의 전류를 1시간 동안 인가할 때 용출시킬 수 있는 Cu의 몰(mol)수는? (단, 1 Faraday는 96,500 C이고, 몰수는 소수점 이하 넷째 자리에서 반올림한다)

① 0.187　　　　　　　　　　　　　② 0.373

③ 0.746　　　　　　　　　　　　　④ 1.492

9 분자량이 10g/mol, 20g/mol, 40g/mol인 단분산성 고분자 시료가 각각 90g, 180g, 280g 혼합된 시료의 수평균분자량(g/mol)은?

① 20　　　　　　　　　　　　　　② 22

③ 25　　　　　　　　　　　　　　④ 27.5

10 유기화합물의 분광 분석에 대한 설명으로 옳지 않은 것은?

① 핵자기공명(NMR) 분광법은 라디오파(RF파)를 이용한 분석법이다.

② 자외-가시선(UV-VIS) 분광법, 적외선(IR) 분광법, 핵자기공명(NMR) 분광법 중에서 가장 낮은 에너지의 파장을 사용하는 것은 적외선(IR) 분광법이다.

③ 질량분광법(MS)은 유기화합물의 분자량을 알아내는 데 사용된다.

④ 적외선(IR) 분광법은 분자의 진동 에너지 준위와 관련이 있다.

---

6 ① 라디칼 중합 : 라디칼이 서로 반응하여 반응이 정지됨
  ② 전해 중합 : 전극상이나 전해액 중에 고분자가 생성되는 중합반응
  ③ 배위 중합 : 단량체가 연쇄성장 말단 또는 중합촉매에 배위하는 중합
  ④ 축합반응 : 탄소화합물의 물 분자가 떨어져 나가면서 결합하는 반응

7 ① 소포 … HLB 값은 0에서 20까지 있으며 0에 가까울수록 친유성이 좋다.

8 ① $10A \times 3600s = 36000C \rightarrow (36000C/96500C)/2$(용출 시 나온 Cu^{2+}) $= 0.187$

9 ② $Mn = \sum niMi \, / \, \sum ni$
  $90g/10g/mol = 9mol$, $180g/20g/mol = 9mol$, $280g/40g/mol = 7mol$
  $(90+180+280)g/25mol = 22g/mol$

10 ② 자외-가시선(UV-VIS) 분광법은 파장영역이 1nm ~ 40nm, 적외선(IR) 분광법은 $2.5\mu m$ ~ $25\mu m$, 핵자기공명(NMR) 분광법은 1mm 이상이다.

정답 및 해설 6.③ 7.① 8.① 9.② 10.②

11 다음의 반응과 관련된 석유화학 공정은?

ㄱ n-Heptane → Toluene + H$_2$ ↑

ㄴ n-Decane → Propene + n-Heptane

	ㄱ	ㄴ
①	분해(cracking)	이성질화(isomerization)
②	개질(reforming)	분해(cracking)
③	개질(reforming)	이성질화(isomerization)
④	분해(cracking)	개질(reforming)

12 목재구조의 결합을 깨뜨려 섬유상 물질로 전환시키는 작업을 펄프화라고 한다. 다음 중에서 화학적 펄프화법에 의해 분해 제거시키고자 하는 주성분으로, 목재의 섬유와 세포를 강하게 결합시키는 물질은?

① 셀룰로오스(cellulose)

② 헤미셀룰로오스(hemicellulose)

③ 리그닌(lignin)

④ 수분(water)

13 반도체에 대한 설명으로 옳지 않은 것은?

① 고유(intrinsic)반도체에 Ⅲ족 원소를 불순물로 첨가하여 전기적 특성을 변화시킬 수 있다.

② LED는 전기를 가했을 때 n형 반도체와 p형 반도체의 접합면에서 일어나는 발광현상을 이용하는 소자이다.

③ 고유(intrinsic)반도체는 온도가 증가함에 따라 전도도가 감소한다.

④ n형 반도체는 고유(intrinsic)반도체에 V족 원소를 첨가하여 만들어진다.

14 옥탄가는 휘발유의 안티노킹(anti-knocking) 특성을 나타내는 척도이다. 옥탄가 100으로 표시되는 고옥탄가 표준연료는?

①
```
        CH3      CH3
         |        |
CH3 — C — CH2 — CH — CH3
         |
        CH3
```

② C └C └C └C └C └C └C └C I

③ C └C └C └C └C └C └C I

④
```
    CH3  CH3  CH3
     |    |    |
CH3 — CH — CH — CH — CH2 — CH3
```

---

11 ② 개질(reforming) : 탄화수소 조성 및 성질 변화
   분해(cracking) : 석유분해법

12 ③ 리그닌(lignin)은 목질화한 식물의 셀룰로오스 다음 가는 주성분

13 ③ 고유 반도체는 온도가 증가함에 따라 전도도가 증가한다.

14 ① 옥탄가는 휘발유의 고급 정도를 나타내는 수치이다.

정답 및 해설   11.②   12.③   13.③   14.①

15 초기에 영양물질을 충분히 채운 후 더 이상의 영양물질 공급이나 제거가 없는 회분식 배양에서, 미생물의 생장 형태 및 반응과정에 대한 설명으로 옳지 않은 것은?

① 미생물은 지체기(lag phase), 지수기(exponential phase), 정지기(stationary phase), 사멸기(dead phase)의 생장곡선을 그린다.

② 지수기에는 개체 수가 일정 시간간격 동안 두 배로 증가하며 이 시간간격을 세대시간이라 한다.

③ 정지기에는 유해물질의 축적이 없는 상태에서 개체 수가 일정하게 유지된다.

④ 사멸기에는 미생물의 죽는속도가 번식속도보다 빠르게 되어 개체 수가 감소하기 시작한다.

16 다음 구조의 멘톨(menthol)이 가질 수 있는 모든 입체이성질체(stereoisomer)의 수는?

① 2   ② 4
③ 6   ④ 8

17 고도 하수처리방법 중 하나인 생물학적 질소 제거에 대한 설명으로 옳지 않은 것은?

① 질산화 반응에서 H^+생성으로 인하여 pH가 감소하게 된다.

② 질산화 반응이 일어나는 동안 pH를 조절하기 위하여 NaOH를 첨가할 수 있다.

③ NH_4^+이온의 질산화 반응에 산소가 참여한다.

④ NH_4^+이온은 1단계에서 NO_3^-로, 2단계에서 NO_2^-로 변화된다.

18 테레프탈산과 에틸렌글리콜의 반응에 의해 합성되는 물질은?

① 폴리에스터

② 폴리아크릴

③ 폴리올레핀

④ 폴리우레탄

---

15 ③ 정지기에는 세포는 안 자라나, 활발한 대사활동을 통한 2차 대사 산물을 생산한다.

16 ④ 이소멘톨, 네오텐톨, 네오이소멘톨 등이 있다. 전체 결합선에서 −OH기가 붙어 있고 그것과 연결된 선들의 결합선을 제외하면 된다.

17 ④ NH_4^+이온은 1단계는 NO_3로 산화시키는 질산화 과정이고, 2단계는 혐기성 조건에서 NO_3를 질소가스로 전화시키는 탈질화 과정이다.

18 ① 테레프탈산과 에틸렌글리콜의 축합중합체로 에스터 결합의 폴리에스터의 물질이 나온다.

정답 및 해설 15.③ 16.④ 17.④ 18.①

19 다음과 같은 E2 제거반응에서 주생성물(major product) ㈎, ㈏를 바르게 짝지은 것은?

$$CH_3CH_2CH_2CHBrCH_3 \xrightarrow{K^+(CH_3)_3CO^-} \text{주생성물 ㈎}$$
$$2-bromopentane$$

$$CH_3CH_2CH_2CHNH_2CH_3 \xrightarrow[{[2]Ag_2O, [3]\triangle}]{[1]CH_3I(\text{과량})} \text{주생성물 ㈏}$$
$$2-pentanamine$$

	㈎	㈏
①	$CH_3CH_2CH_2CH=CH_2$	$CH_3CH_2CH_2CH=CH_2$
②	$CH_3CH_2CH_2CH=CH_2$	$CH_3CH_2CH=CHCH_3$
③	$CH_3CH_2CH=CHCH_3$	$CH_3CH_2CH_2CH=CH_2$
④	$CH_3CH_2CH=CHCH_3$	$CH_3CH_2CH=CHCH_3$

20 비료에 대한 설명으로 옳지 않은 것은?

① 고도화성비료는 N, P_2O_5, K_2O의 함량 합계가 30% 이상인 화성비료를 의미한다.

② 황안, 요소, 염안은 인산비료에 해당한다.

③ 화성비료는 비료를 혼합하는 과정에서 화학 반응이 일어나 입자화가 이루어진 비료를 의미한다.

④ 복합비료는 비료의 3요소인 N, P_2O_5, K_2O 중 2성분 이상을 포함하는 비료를 의미한다.

19 ③ (가)는 HBr이 빠져나오면서, (나)는 NH_3가 빠져나오면서 생성된다.

20 ② 황안, 요소, 염안은 질소비료에 해당한다.

청답 및 해설   19.③   20.②

1 다음과 같은 전자배치를 가지는 원소들 중에서 제1이온화 에너지가 가장 높은 것은?

① $1s^2 2s^1$

② $1s^2 2s^2 2p^4$

③ $1s^2 2s^2 2p^6$

④ $1s^2 2s^2 2p^6 3s^1$

2 대기 중에 존재하는 기체상의 질소산화물 중 대류권에서 온실가스로 알려져 있고 일명 웃음기체라고 하는 것의 분자식은?

① NO

② NO_2

③ NO_3

④ N_2O

3 다음 중 아세톤에 대한 설명으로 옳은 것을 모두 고르면?

> ㉠ 프로필렌과 벤젠으로부터 페놀을 합성하는 공정(Dow chemical process)의 부산물로 얻어진다.
> ㉡ 2차 알코올(이소프로판올)을 산화시켜 제조한다.
> ㉢ 특유의 향기가 있는 무색 휘발성 액체로서 물, 알코올, 에테르 등과 잘 혼합된다.
> ㉣ 휘발성, 마취성, 인화성이 큰 액체이다.

① ㉠, ㉡

② ㉢, ㉣

③ ㉠, ㉡, ㉢

④ ㉡, ㉢, ㉣

4 다음 중 방사성 원소들의 단위와 양을 나타내는 단위가 아닌 것은?

① 그레이(Gy)

② 칸델라(cd)

③ 시버트(Sv)

④ 큐리(Ci)

5 에틸렌(ethylene)을 원료로 하여 만들어지는 석유 화학 제품이 아닌 것은?

① 스티렌(styrene)

② 비닐클로라이드(vinyl chloride)

③ 아세트알데히드(acetaldehyde)

④ 아크릴로니트릴(acrylonitrile)

---

1   ① $1s^2 2s^1$ – Li

　 ② $1s^2 2s^2 2p^4$ – O

　 ③ $1s^2 2s^2 2p^6$ – Ne(비활성 기체로서 가장 안정화되어 있다.)

　 ④ $1s^2 2s^2 2p^6 3s^1$ – Na

2   ① NO – 일산화질소

　 ② NO_2 – 이산화질소

　 ③ NO_3 – 삼산화질소

　 ④ N_2O – 아산화질소(가벼운 향기와 단맛이 난다. 상온에서 안정하다. 외과수술 시 전신마취제로도 사용된다.)

3   아세톤은 CH_3COCH_3이고, 향기가 나는 무색의 액체이다. 휘발성이나 인화성이 있으나 마취성은 없다.

4   ① 그레이(Gy) : 방사선의 흡수선량 단위

　 ② 칸델라(cd) : 광도의 기본단위

　 ③ 시버트(Sv) : 방사선 방호목적으로 사용하는 선량당량

　 ④ 큐리(Ci) : 방사능 세기 단위

5   ④ 아크릴로니트릴(acrylonitrile) : 프로필렌과 암모니아를 원료로 한다.

정답 및 해설 1.③ 2.④ 3.③ 4.② 5.④

6 새집 증후군의 원인 물질 중 하나이며, 아토피성 피부염의 원인 물질 중 하나이기도 한 포름알데히드는 다음 중 어떤 화합물을 Ag, CuO와 함께 산화시키면 제조할 수 있는가?

① 아세트산

② 포름산

③ 메탄올

④ 아세톤

7 $^{240}_{92}U$ 에서 2개의 α 입자와 2개의 β 입자가 방출되었다면 결과물은 무엇인가?

① $^{232}_{88}Ra$

② $^{232}_{90}Th$

③ $^{236}_{88}Ra$

④ $^{236}_{90}Th$

8 고분자의 반복단위에 다음의 관능기를 갖는 고분자는?

$$-NH-\overset{\overset{\displaystyle O}{\|}}{C}-O-$$

① 폴리카보네이트(polycarbonate)

② 폴리아미드(polyamide)

③ 폴리우레아(polyurea)

④ 폴리우레탄(polyurethane)

9 분자량 '20,000', '30,000', '50,000'을 같은 mol씩 함유하고 있는 가상 고분자 시료의 중량평균 분자량은?

① 35,000

② 36,000

③ 37,000

④ 38,000

10 반도체 박막제조에 이용되는 스퍼터링(sputtering)법의 장점이 아닌 것은?

① 웨이퍼 전 면적에 걸친 고른 박막의 증착이 가능하다.
② 다른 불순물에 의한 오염가능성이 적다.
③ 박막의 두께 조절이 용이하다.
④ 합금물질을 증착하기 위한 많은 표적물질(target)들이 있다.

11 수중에서 펄프의 섬유성분을 절단, 해리, 팽윤, 콜로이드화 시켜서 용도에 알맞은 종이의 성질을 발현시키는 공정은?

① 초지
② 고해(beating)
③ 충진
④ 캘린더링(calendering)

---

6 ③ 메탄올의 산화로 얻는 기체를 포름알데히드라 한다. 자극성의 냄새를 갖는 가연성 무색 기체이다.

7 ② 토륨은 고온에서 할로젠, 질소, 수소와 직접 반응한다. 토륨232를 활용하여 우라늄233으로 바꿔 원자로용 원료로 사용한다.

8 ④ 폴리우레탄(polyurethane) : 주사슬의 반복 단위에서 우레탄 결합을 갖는다. 폴리우레탄 폼, 고무, 접착제 등에 사용된다.

9 ④ $M_w = \Sigma niMi^2 \, / \, \Sigma niMi$
$(20000^2 + 30000^2 + 50000^2) \, / \, (20000 + 30000 + 50000) = 38000$(몰수는 같기 때문에 1mol로 하여 계산함)

10 ② 스퍼터링은 이온이나 플라즈마를 어떠한 물질에 강하게 충돌시켰을 때, 그 물질의 원자가 튀어나오는 현상을 말한다. 다른 불순물에 의한 오염가능성이 높다.

11 ② 고해(beating) : 펄프를 수중에서 기계적으로 처리하는 일
④ 캘린더링(calendering) : 캘린더를 사용하여 필름, 시트 등을 성형하는 것

정답 및 해설 6.③ 7.② 8.④ 9.④ 10.② 11.②

12 아래 반응의 주생성물로 예상되는 화합물은?

$$H_3CO-\text{⟨benzene⟩}-COOCH_3 \xrightarrow[\text{FeCl}_3]{\text{Cl}_2} \text{Product A}$$

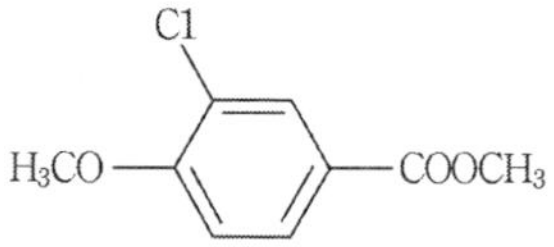

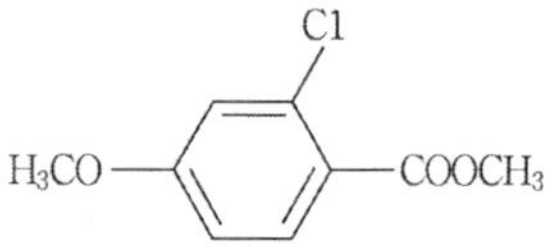

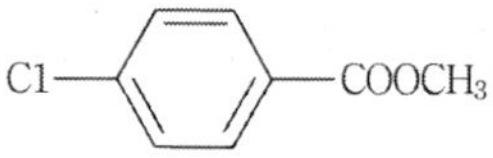

①
$$H_3CO-\text{⟨benzene, Cl⟩}-COOCH_3$$

②
$$H_3CO-\text{⟨benzene, Cl⟩}-COOCH_3$$

③
$$Cl-\text{⟨benzene⟩}-COOCH_3$$

④
$$H_3CO-\text{⟨benzene⟩}-Cl$$

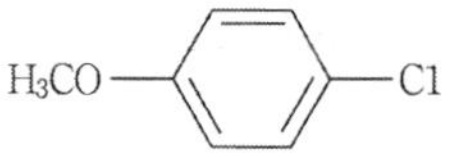

13 석탄의 성분을 분석하니 회분이 7%, 휘발분이 24%, 수분이 18%, 광물질이 9%였다. 고정탄소 함량은 얼마인가?

① 47
② 49
③ 51
④ 53

14 인광석에 소다염을 혼합하고, 인산액을 뿌려 입자로 만들어 열처리하여 제조한 것으로 전인산의 96% 이상이 구용성인 인산비료는 무엇인가?

① 토마스인비
② Rhenania인비
③ 소성인비
④ 용성인산3칼슘

15 옥탄가가 낮은 분해가솔린이나 직류가솔린의 일부를 분해하여 옥탄가가 높은 가솔린으로 변화시키거나 나프텐계 탄화수소, 파라핀을 방향족 탄화수소로 변화시키는 석유전환 공정은 무엇인가?

① 스트리핑(stripping)

② 크랙킹(cracking)

③ 토핑(topping)

④ 리포밍(reforming)

16 화학 비료는 비료가 수용액 중에서 나타내는 산도에 따라 산성, 염기성, 중성으로 분류된다. 다음에서 염기성 비료가 아닌 것은?

① 요소

② 석회질소

③ 용성인비

④ 석회

---

12 ① Cl의 치환과정과 화학결합의 규칙성을 통해 ①번이 됨을 알 수 있다.

13 ③ 고정탄소 함량 $= 100 - ($수분$+$회분$+$휘발분$) \rightarrow 100 - (18 + 7 + 24) = 51$

14 ① 철강공업폐기물에서 유래된 인산질비료
② 소성인비 중의 하나
③ 인광에 각종 첨가제를 배합하여 소성처리로 인산분을 가용화한 비료
④ 광물질 원료를 높은 온도로 용융하여 일단 유리가 된 것을 찬물로 차갑게 하여 분쇄한 것

15 ① 스트리핑 : 액체 속에 녹아 있는 기체를 분리 또는 제거
② 크랙킹 : 석유분해법
③ 토핑 : 석유 증류 시 나누는 조작
④ 리포밍 : 탄화수소 조성 및 성질 변화

16 ① 요소는 중성 비료에 속한다. 석회질소, 용성인비, 석회는 산도에 따라 염기성 비료에 속한다.

정답 및 해설 12.① 13.③ 14.③ 15.④ 16.①

17 고분자에 대한 설명 중 옳지 않은 것은?

① 용융 전이 온도(T_m, melt transition temperature)는 단단한 비결정성 고분자가 부드러워지기 시작하는 온도를 말한다.

② 열경화성 고분자는 가교된 복잡한 네트워크 구조를 가진다.

③ 폴리스티렌은 열가소성 플라스틱이다.

④ 곁가지를 많이 가진 고분자는 일반적으로 비결정성이며 유연하다.

18 다음에서 촉매에 대한 설명 중 옳은 것을 모두 고르면?

> ㉠ 화학반응에 참가하지만 촉매 스스로가 소모되지 않는 물질이다.
> ㉡ 활성화 에너지를 낮추어서 반응속도를 **빠르게** 한다.
> ㉢ 평형상수를 변화시켜 평형에 도달하는 속도를 **빠르게** 한다.
> ㉣ 표면적을 최대화할 수 있는 다공성 물질 표면에 지지시켜 촉매효능을 증가시킬 수 있다.

① ㉠, ㉡

② ㉢, ㉣

③ ㉠, ㉡, ㉣

④ ㉡, ㉢, ㉣

19 할로겐화 화합물(PX_3, X=F, Cl, Br)의 결합각(X−P−X)을 크기 순서대로 올바르게 나열한 것은?

① $PBr_3 > PCl_3 > PF_3$

② $PBr_3 > PF_3 > PCl_3$

③ $PCl_3 > PF_3 > PBr_3$

④ $PF_3 > PCl_3 > PBr_3$

20 황산나트륨을 중간 생성물로 하여 소금을 소다회로 전환시키는 방법은?

① Leblanc법   ② Solvay법

③ 황안소다법   ④ 암모니아산화법

---

17 ① 용융 전이 온도는 단단하고 부서지기 쉬운 경화상태로부터 끈적끈적하게 시작되는 온도를 말한다.

18 ③ 촉매는 소모되지 않고 활성화 에너지를 낮춤으로써 반응속도를 빠르게 한다. 또한 표면적을 최대화하여 반응을 최대한 많이 할 수 있다. 그러나 평형 상수를 변화시키지는 않는다.

19 ① 플루오르의 전기 음성도가 제일 크고 클로로, 브롬 순으로 크다. 또한 반응 또한 플루오르가 크기 때문에 결합각은 제일 작다.

20 ① Leblanc법은 황산나트륨을 중간 생성물로 한다. Solvay법은 염화나트륨을 원료로 한다.

정답 및 해설 17.① 18.③ 19.① 20.①

1 다양한 크기의 미세 기공들을 가져 단위 무게당 표면적이 매우 넓은 탄소재료는?

① 풀러렌　　　　　　　　　　　② 활성탄
③ 제올라이트　　　　　　　　　④ 다이아몬드

2 비누화가(saponification value)에 대한 설명으로 옳은 것은?

① 유지 1g을 완전히 비누화하는 데 필요한 NaOH의 mg 수
② 유지 1g을 완전히 비누화하는 데 필요한 KOH의 mg 수
③ 유지 1g을 완전히 비누화하는 데 필요한 HCl의 mg 수
④ 유지 1g을 완전히 비누화하는 데 필요한 H_2SO_4의 mg 수

3 프로필렌(propylene) 중합 반응에 사용되는 Ziegler-Natta 촉매의 금속 성분 조합으로 옳은 것은?

① Ti-Al　　　　　　　　　　　② Zn-Al
③ Co-Mo　　　　　　　　　　　④ Pd-Cu

4 다음 과정에서 브뢴스테드−로우리(Brønsted−Lowry) 산과 그 짝염기가 옳게 짝지어진 것은?

$$HSO_4^-(aq) + OH^-(aq) \rightarrow H_2O(l) + SO_4^{2-}(aq)$$

	브뢴스테드−로우리 산	짝염기
①	H_2O	SO_4^{2-}
②	HSO_4^-	H_2O
③	HSO_4^-	SO_4^{2-}
④	SO_4^{2-}	H_2O

---

1 ① 풀러렌 : 탄소분자가 구, 타원체, 원기둥 모양으로 배치된 분자
③ 제올라이트 : 알루미늄 산화물과 규산 산화물의 결합으로 생성되는 광물로서 촉매로도 쓰인다.
④ 다이아몬드 : 매우 견고한 탄소화합물

2 비누화 반응은 고급 지방산 에스터와 강한 염기가 만나 알코올과 비누덩어리가 생성되는 반응으로, 유지 1g을 완전히 비누화하는 데 필요한 KOH의 mg 수를 비누화가라고 한다.
※ 비누화 반응 … R−COO−R' + XOH → R−COO−X + R'OH
※ 산가 … 유지 1g 중 유리지방산을 중화하는 데 필요한 KOH의 mg 수

3 프로필렌 중합반응은 지글러−나타 촉매하에서 일어난다.
※ 지글러−나타 촉매 … 지글러와 나타가 개발한 것으로, 프로필렌을 폴리프로필렌으로 중합시키는 데 필요한 촉매. 티타늄 화합물(Ti)과 유기금속 화합물(Al, Mg 등)로 구성되어 있다. 그 중 Ti−Al가 대표적이다.

4 HSO_4^-가 H를 내어놓고 SO_4^{2-}가 된다. 이때 산이 H를 내어놓은 후의 물질을 짝염기라 하므로 HSO_4^-의 짝염기는 SO_4^{2-}가 된다.
※ 산−염기 정의
㉠ 아레니우스 : H^+를 내어주는 물질이 산이고 OH^-를 내어주는 물질이 염기이다.
㉡ 루이스 : 비공유전자쌍(e^-)을 받는 물질이 산이고 내어주는 물질이 염기이다.
㉢ 브뢴스테드−로우리 : 양성자(H^+)를 내어주는 물질이 산이고 양성자(H^+)를 받을 수 있는 물질이 염기이다.

정답 및 해설 1.② 2.② 3.① 4.③

5 고분자의 평균분자량을 측정하는 방법이 아닌 것은?

① 광산란법

② 삼투압법

③ 열 무게분석법

④ 말단기 분석법

6 지방산과 암모니아를 160 ~ 200℃, 실리카겔 촉매 하에서 반응시킬 때 얻어지는 주생성물은?

① 지방족 아민(amine)

② 지방족 니트릴(nitrile)

③ 지방산 에스터(ester)

④ 지방산 아마이드(amide)

7 석유의 정제 공정에 대한 설명으로 옳지 않은 것은?

① 코킹(coking) : 중질유를 열분해하여 경유, 가솔린, 코크스를 얻는다.

② 분해(cracking) : 수증기 분해, 접촉 분해, 수소첨가 분해 등이 있다.

③ 개질(reforming) : 방향족 화합물로부터 사슬형 지방족 화합물을 만든다.

④ 소중합(oligomerization) : 저분자량 올레핀을 가솔린 분자로 전환한다.

8 광학 활성(optical activity)을 갖는 분자는?

①

③

②

④

9 메탈로센(metallocene) 촉매에 대한 설명으로 옳은 것은?

① 배위결합을 갖는다.
② 불균일계 촉매이다.
③ 다중 활성점을 갖는다.
④ 활성점은 음이온의 속성을 갖는다.

---

5 고분자의 분자량 측정법
   ㉠ **광산란법** : 빛의 산란을 이용하여 고분자의 분자량을 측정하는 방법으로, 중량(무게)평균 분자량을 측정할 수 있다.
   ㉡ **삼투압법** : 반트호프식($\pi = CRT$)를 이용하여 분자량을 측정하는 방법이다.
   ㉢ **끓는점 오름법 / 어는점 내림법**
   ㉣ **겔 투과 크로마토그래피** : 수평균 분자량과 중량평균 분자량을 모두 구할 수 있다.
   ㉤ **말단기분석법** : 사슬모양 축합중합체의 말단기를 이용해 분자량을 구하는 방법이다.

6 지방산 + 암모니아 → 지방산 아마이드
$RCOOH + NH_3 \rightarrow RCONH_2$
아마이드는 카복실기(COOH)에서 하이드록시기(−OH)가 아미노기(NH_2)로 치환된 화합물로, 아민기(RNH_2)가 카복실산과 축합반응하여 만들어지기도 한다.

7 개질 ⋯ 저옥탄가의 가솔린의 성분을 변형시켜 고옥탄가의 가솔린으로 개조하는 것이 목적이다. 사슬형 탄화수소에 가지(branch)를 생성시키거나 방향족 화합물로 변형시킨다.

8 광학 활성은 물질을 통과하는 직선 편광의 편광면을 오른쪽 또는 왼쪽으로 회전시키는 성질을 말한다. 키랄 중심이 있어야 가능하며, 키랄 중심이란 네 개의 서로 다른 원자나 원자단이 치환된 탄소를 말한다.
③의 가장 위쪽에 있는 탄소는 $Cl/C(CH)/CH_2/H$와 결합해 있기 때문에 키랄 중심이 된다.

9 메탈로센 촉매 ⋯ 단일 활성점을 가지고 있는 균일계 촉매로, 배위결합이 존재한다. 활성점이 양이온 형태이면 활성도가 증가하는 특징을 가지고 있다.

정답 및 해설 5.③ 6.④ 7.③ 8.③ 9.①

10 다음 반응의 주생성물은?

$$CH_3CH_2CH = CH_2 \xrightarrow[\text{H}_2\text{O}]{\text{Br}_2} \text{주생성물}$$

① $CH_3CH_2CH - CH_2Br$
$\quad\quad\quad\ \ |$
$\quad\quad\quad\ \ OH$

② $CH_3CH_2CH - CH_2OH$
$\quad\quad\quad\quad |$
$\quad\quad\quad\quad Br$

③ $CH_3CH_2CH - CH_2Br$
$\quad\quad\quad\ \ |$
$\quad\quad\quad\ \ Br$

④ $CH_3CH_2CH - CH_2OH$
$\quad\quad\quad\quad |$
$\quad\quad\quad\quad OH$

11 라디칼중합 반응 중 수용액 중의 단량체 미셀(micelle) 내에서 중합이 진행되도록 하는 것은?

① 괴상중합(bulk polymerization)

② 용액중합(solution polymerization)

③ 현탁중합(suspension polymerization)

④ 유화중합(emulsion polymerization)

12 다음 화합물을 산성도가 큰 순서대로 옳게 나열한 것은?

㉠ $CH_3CH_2CH_2OH$	㉡ $CH_3CH_2CH_2SH$	㉢ $ClCH_2CH_2CH_2SH$

① ㉠ > ㉡ > ㉢

② ㉠ > ㉢ > ㉡

③ ㉢ > ㉠ > ㉡

④ ㉢ > ㉡ > ㉠

10

Br^-가 떨어져 나가면서 Br^+는 C의 이중결합에 붙는다.

3, 4번 탄소와의 결합이 4번에 쏠리면서 Br은 4번 탄소에만 결합하게 되고 3번 탄소에는 H_2O가 붙는다.

3번 탄소의 H_2O에서 H^+가 떨어져 나가 다른 H_2O와 결합하여 H_3O^+를 형성한다.

중간체에 OH가 붙을 때, 치환기가 더 많은 쪽에 결합하는 것이 더 안정적이기 때문에 3번 탄소에 결합하게 된다.

11 유화중합은 현탁중합과 비슷하나 미셀이 형성되는 차이점이 있다.
① **괴상중합** : 중합체가 단위체에 녹거나, 액상에서 반응이 시작되었지만 중합 반응이 진행됨에 따라 전체가 고른 고체 덩어리의 중합체가 되는 반응
② **용액중합** : 용매를 사용하는 중합 방법으로, 단위체와 중합체가 모두 용매에 녹는 균일계 중합과 단위체만 녹는 용매를 사용하는 불균일계 중합이 있다.
③ **현탁중합** : 비드(bead) 중합 혹은 진주(pearl) 중합이라고도 불리는 중합방법으로, 지수용성인 단위체를 물속에 분산시켜 중합하는 방법이다.

12 전기음성도, 즉 전자를 끌어들이는 힘이 강할수록 강한 산이 된다. 주기율표상 오른쪽 위로 갈수록 전기음성도가 강해진다. 그러므로 S와 Cl을 가지고 있는 ㉢이 가장 강한 산이고 S를 가지고 있는 ㉡이 두 번째로 강한 산, OH를 가지고 있는 ㉠이 세 번째로 강한 산이 된다.

정답 및 해설 10.① 11.④ 12.④

13 수용액 상태에서 염기성을 나타내는 비료가 아닌 것은?

① 염화칼륨   ② 석회질소
③ 용성인비   ④ 목초의 재

14 다음 중 원유에 가장 적게 함유되어 있는 것은?

① 나프텐계 탄화수소
② 파라핀계 탄화수소
③ 방향족계 탄화수소
④ 아세틸렌계 탄화수소

15 지방(fat)의 구조를 옳게 나타낸 것은?

①
$$CH_2 - \overset{\overset{\textstyle O}{\|}}{C} - R$$
$$CH - \overset{\overset{\textstyle O}{\|}}{C} - R'$$
$$CH_2 - \overset{\overset{\textstyle O}{\|}}{C} - R''$$

②
$$CH_2 - O - \overset{\overset{\textstyle O}{\|}}{C} - R$$
$$CH - O - \overset{\overset{\textstyle O}{\|}}{C} - R'$$
$$CH_2 - O - \overset{\overset{\textstyle O}{\|}}{C} - R''$$

③
$$CH_2 - \overset{\overset{\textstyle O}{\|}}{C} - OR$$
$$CH - \overset{\overset{\textstyle O}{\|}}{C} - OR'$$
$$CH_2 - \overset{\overset{\textstyle O}{\|}}{C} - OR''$$

④
$$CH_2 - (CH_2)_n - \overset{\overset{\textstyle O}{\|}}{C} - OR$$
$$CH - (CH_2)_n - \overset{\overset{\textstyle O}{\|}}{C} - OR'$$
$$CH_2 - (CH_2)_n - \overset{\overset{\textstyle O}{\|}}{C} - OR''$$

16 고정화 효소(immobilized enzyme)의 특성으로 옳지 않은 것은?

① 재사용이 가능하다.

② 연속반응기에서 사용이 가능하다.

③ 반응 후 생성물과의 분리가 어렵다.

④ 기질의 확산저항이 자유 효소에 비해 더 크다.

---

13 ① 염화칼륨은 칼륨이 포함되어 있지만 수용액상에서는 중성을 나타내게 된다. 때문에 실험 시 완충용액으로 쓰이기도 한다.
② 석회질소의 변화 과정 : 석회질소→CaCN₂→탄산암모늄→암모니아 형태로 흡수
③ 용성인비 : 인광석에 여러 가지 물질을 혼합 용융시켜 시트르산 용액, 또는 물에 녹을 수 있게 만든 인산비료로, 염기성 비료이다.
④ 목초의 재 : 나무나 풀의 재에는 4~12%의 칼륨염이 함유되어 있어 염기성을 나타낸다.

14 나프텐계 탄화수소, 파라핀계 탄화수소, 방향족계 탄화수소는 원유에 들어있는 대표적인 탄화수소이다. 그러나 아세틸렌은 나프타나 메탄, 원유의 열분해에 의해 제조되는 물질이기 때문에 원유 내에 가장 양이 적다고 볼 수 있다.

15 지방은 3개의 지방산과 1개의 글리세롤로 구성되어 있는 에스터이다.

[글리세롤]   [지방산×3개]   [지방]

16 고정화 효소는 반응기 내에 효소가 고정되어 있고, 반응물이 반응기 내부를 지나가면서 생성물로 변화한다. 때문에 쉽게 생성물을 효소에서 분리시킬 수 있고 연속적인 사용이 가능하며, 효소의 재사용이 가능하다는 장점이 있다. 그러나 자유효소와 달리 한 곳에 뭉쳐있기 때문에 고정화 효소 내부에 기질에 확산되어야 하는 단점이 있다. 그 과정에서 확산저항으로 인한 지연이 나타날 수 있다.
③은 자유효소에 관한 설명이다.

정답 및 해설 13.① 14.④ 15.② 16.③

17 비료에 대한 설명으로 옳은 것은?

① 비료의 3요소는 질소, 인, 칼슘이다.

② 과린산석회와 탄산칼슘을 혼합하면 화성비료가 얻어진다.

③ 질산암모늄에 요소를 배합하면 흡습성이 감소된다.

④ 황산암모늄에 석회를 배합하면 비료의 효능이 감소된다.

18 수소의 공업적 제조법인 수증기개질법에 대해 설명한 것으로 옳지 않은 것은?

① 원료로는 나프타, 천연가스 등이 사용된다.

② 탄화수소의 수증기개질 반응은 발열 반응이다.

③ 탄화수소의 탄소 수가 많을수록 코크(coke)가 석출되기 쉽다.

④ 황화합물이 많이 포함된 원료는 촉매의 피독(poisoning)을 막기 위한 탈황 과정을 거쳐야 한다.

19 생물공학적 유전자 조작기술에 대해 설명한 것으로 옳지 않은 것은?

① 핵산은 염기, 인산, 당으로 이루어진다.

② 특정 유전자를 절단하기 위해 제한효소(restriction enzyme)를 사용한다.

③ 특정 유전자의 양을 증폭시키기 위해 이성화효소(isomerase)를 사용한다.

④ 플라스미드(plasmid)는 유전자 운반체로 사용되며, 벡터(vector)라고도 불리운다.

20 티탄산바륨(BaTiO₃)은 큐리(Curie) 온도가 120℃인 강유전체이다. 200℃에서 티탄산바륨의 결정계와 유전특성이 옳게 짝지어진 것은?

	결정계	유전특성
①	입방(cubic)	강유전성(ferroelectric)
②	입방(cubic)	상유전성(paraelectric)
③	정방(tetragonal)	강유전성(ferroelectric)
④	정방(tetragonal)	상유전성(paraelectric)

---

17 황산암모늄은 산성비료고 석회는 알칼리성 비료이기 때문에 배합 시 서로를 중화해 비료의 효능이 감소된다.
　① 비료의 3요소 : 질소, 인, 칼륨
　② 과린산석회에 탄산수소암모늄(NH_4HCO_3)과 요소 또는 황산암모늄이나 질산암모늄을 혼합하면 화성비료가 얻어진다.
　③ 요소는 흡습성이 너무 큰 것이 결점일 정도이므로 질산암모늄에 요소를 배합하면 흡습성이 증가한다.

18 수증기개질 반응은 흡열 반응을 통해 수소를 생성한다.

19 특정 유전자의 양을 증폭시키기 위해서는 목적하는 유전자에 대응하는 mRNA에 상보적인 DNA(cDNA)를 만들면 된다. 이 DNA 단편을 passenger DNA라고 부른다.
　※ 이성화효소는 화합물의 이성체 간에 전환을 촉매하는 효소이며, 대표적인 이성화효소인 포도당이성화효소는 포도당을 과당으로 전환시킨다.

20 티탄산바륨은 120℃ 이상에서는 상유전성을 나타내는 입방정 구조가 안정하지만, 120℃ 아래로 온도가 떨어지면 정방정 구조를 가지게 되어 강유전성을 나타내게 된다. 이렇게 특정 온도를 기준으로 성질이 바뀌게 되는데, 그 온도를 큐리(Curie) 온도라 한다.

정답 및 해설 17.④ 18.② 19.③ 20.②

1 원유의 정제에서 상압증류(atmospheric distillation)에 의해 얻어지는 것만을 모두 고른 것은?

| ㉠ 나프타 | ㉡ 등유 | ㉢ 경유 |

① ㉠, ㉡
② ㉠, ㉢
③ ㉡, ㉢
④ ㉠, ㉡, ㉢

2 이차 알코올의 산화 반응으로 생성되는 작용기는?

① Ketone
② Amine
③ Aldehyde
④ Carboxylic acid

3 계면활성제에 대한 설명으로 옳지 않은 것은?

① 한 분자 내에 친수기와 소수기를 모두 갖는다.
② 일정 농도 이상에서 미셀(micelle)을 형성한다.
③ 모든 계면활성제는 물에서 이온으로 해리된다.
④ 세제, 유화제, 보습제 등으로 이용된다.

4 다음 화합물의 IUPAC 명명으로 옳은 것은?

$$CH_3CH = C(CH_2CH_3)_2$$

① 1,1-Diethyl-1-propene

② 3-Ethyl-2-pentene

③ 3-Ethyl-3-pentene

④ 1-Methyl-2-ethyl-1-butene

---

1 상압증류는 용액의 비점을 이용하여 증류하는 방법으로 원유를 증류하면 증류탑 상부에서부터 LPG, 가솔린, 등유, 경유, 중유 순으로 배출된다. 이때 나프타는 넓은 의미로 보면 가솔린 등을 포함하는 휘발성 석유로 볼 수 있기 때문에 원유에서 추출된다고 볼 수 있다.

2 1차 알코올 : $CH_3CH_2OH \xrightarrow{\text{산화}} CH_3CHO \xrightarrow{\text{산화}} CH_3COOH$
(에탄올)   (알데히드)   (카르복실산)

2차 알코올 : $CH_3\underset{\underset{OH}{|}}{C}HCH_3 \xrightarrow{\text{산화}} CH_3\underset{\underset{O}{\|}}{C}CH_3$
(케톤)

※ OH가 붙어 있는 탄소에 다른 탄소가 1개 붙어 있으면 1차 알코올, 2개 붙어 있으면 2차 알코올

3 계면활성제는 계면에 흡착하여 표면장력을 감소시키는 물질로, 대표적인 계면활성제로는 비누와 유화제가 있다. 용액 속에서 소수성과 친수성기에 의한 미셸을 형성한다. 이온성과 비이온성 계면활성제가 있다.

4 ㉠

$$\overset{\text{2번}}{\underset{\underset{CH_2CH_3}{1번\downarrow}}{\overline{CH_3CH = C - CH_2CH_3}}}$$

모체를 찾을 때 탄소수가 가장 많은 사슬을 우선으로 하지만 1번, 2번 사슬의 경우 탄소수가 동일하기 때문에 직선사슬인 2번을 모체로 한다.

㉡ $C^1H_3C^2H = C^3 - C^4H_2C^5H_3$
    $\underset{CH_2CH_3}{|}$

5개 탄소 중 이중결합이 있고 : pentene
그 이중결합이 2번 탄소에서 시작 : 2-pentene
작용기는 3번에 있다. : 3-ethyl-2-pentene

1.④ 2.① 3.③ 4.②

5 질소비료로 사용되는 요소에 대한 설명으로 옳지 않은 것은?

① 암모니아와 이산화탄소의 반응으로 얻을 수 있다.

② 질소 함량은 45% 이상이다.

③ 중성 비료로 분류된다.

④ 흡습성이 적다.

6 산화시켜서 산(acid) 또는 산무수물(acid anhydride)을 제조할 수 있는 방향족 화합물은?

① Nitrobenzene   ② Xylene

③ Cyclohexane   ④ Cyclohexanol

7 실리콘(Si) 단결정의 제조 방법으로 옳지 않은 것은?

① 플롯존(float zone)법

② 초크랄스키(Czochralski)법

③ 냉각도가니(cold crucible)법

④ 화학기상증착(chemical vapor deposition)법

8 나일론-4,6(nylon-4,6)과 폴리에스터(polyester)를 제조할 때 사용하는 중합반응은?

① 자유라디칼 중합반응

② 첨가중합반응

③ 축합중합반응

④ 개환중합반응

5 요소는 흡습성이 매우 크다.

① $2NH_3$(암모니아) + CO_2(이산화탄소) → $CO(NH_2)_2$(요소) + H_2O

② 28(질소의 분자량)/60(전체 분자량) × 100 = 약 47%

③ **중성 비료의 종류**: 황산암모늄, 염화암모늄, 요소, 염화칼륨

6 Xylene은 프탈산을 생성하며, 산무수물의 원료는 숙신산, 글루타르산, 프탈산 등의 디카르복실산이다. 즉 Xylene이 답이 된다.

① O – Xylene

산무수물

② P – Xylene

텔레프탈산

③ m – Xylene

이소프탈산

7 화학기상증착법은 반도체 공정에서 형성하고자 하는 증착막 재료의 원소가스를 기판 표면 위에 화학 반응시켜서 원하는 박막을 형성시키는 방법이다.

① **플롯존**: 용융성 실리콘 영역을 다결정 실리콘봉을 따라 천천히 이동시키면서 실리콘봉이 단결정 실리콘으로 성장되도록 하는 방법

② **초크랄스키법**: 단결정 실리콘 종자를 용융된 실리콘과 접촉시킨 후 천천히 위로 끌어올리면서 냉각화 후 성장시키는 방법

③ **냉각도가니법**: 대량의 액상 실리콘을 도가니모양의 RF코일에 넣고 전기장을 형성하여 실리콘 결정을 성장시키는 방법

8 축합중합은 단위체들이 결합할 때 H_2O와 같은 간단한 분자들이 떨어져 나가면서 형성되는 중합으로, 대표적인 중합체로는 나일론과 폴리에스터가 있다.

① **자유라디칼 중합반응**: 생장중합체 말단에 있는 원자가 유리전자 1개를 갖는 자유라디칼 상태에서 진행되는 중합반응 (예 비닐)

② **첨가중합반응**: 이중결합을 가진 화합물이 첨가반응에 의해 중합체를 만드는 중합반응 (예 폴리에틸렌, 폴리프로필렌)

④ **개환중합반응**: 고리모양 화합물의 고리가 열려 선 모양의 중합체가 되는 중합반응 (예 6-나일론, 폴리펩티드)

정답 및 해설 5.④ 6.② 7.④ 8.③

9 탄소를 5개 갖는 다음의 알케인(alkane) 화합물 중, 끓는점이 가장 높은 것과 가장 낮은 것을 바르게 연결한 것은?

ⓐ n-Pentane   ⓑ Cyclopentane

ⓒ 2-Methylbutane   ⓓ 2,2-Dimethylpropane

	가장 높은 것	가장 낮은 것
①	ⓐ	ⓒ
②	ⓐ	ⓓ
③	ⓑ	ⓒ
④	ⓑ	ⓓ

10 석회질소의 주성분인 칼슘시안아마이드($CaCN_2$)가 토양의 수분과 반응하여 단계적으로 생성해내는 물질에 해당하지 않는 것은?

① 요소($CO(NH_2)_2$)

② 질산칼슘($Ca(NO_3)_2$)

③ 탄산암모늄($(NH_4)_2CO_3$)

④ 디시안디아마이드($(CN \cdot NH_2)_2$)

11 제올라이트에 대한 설명으로 옳지 않은 것은?

① 촉매로 사용된다.

② 다공성이다.

③ 연성(ductility)이 크다.

④ 이온 교환 능력이 있다.

12 다음 중 수용액에서 산 세기가 가장 약한 것은?

① HF

② HI

③ HNO_3

④ H_2SO_4

---

9 알케인의 분자량이 증가할수록, 또 직선형일수록 분산력이 증가하여 끓는점이 높아진다.

　㉠ n-Pentene　　　　　　분자량 72.15　　㉡ Cyclopentane　　　　　　분자량 70.14
　　　　　　　　　　　　　　bp　　36℃　　　　　　　　　　　　　　　　bp　　49~50℃

　　C~C~C~C~C

　　　　　　　　　　　　　　　　　　　　　　C
　　　　　　　　　　　　　　　　　　　　C　　C
　　　　　　　　　　　　　　　　　　　C — C

　㉢ 2-Methylbutane　　　　分자량 72.2　　㉣ 2,2-Dimethylpropane　　분자량 72.1
　　　　　　　　　　　　　　bp　　27~28℃　　　　　　　　　　　　　　bp　　9~10℃

　　　　C　　　　　　　　　　　　　　　　　　　　C
　　　　|　　　　　　　　　　　　　　　　　　　　|
　　C~C~C~C　　　　　　　　　　　　　　C — C — C
　　　　　　　　　　　　　　　　　　　　　　　　|
　　　　　　　　　　　　　　　　　　　　　　　　C

10 석회질소 ⋯ 흙 속에서 분해하여 요소가 되고, 요소는 미생물의 작용으로 탄산암모늄이 되는데 탄산암모늄은 암모니아 형태의 질소로 식물에 흡수된다. 분해과정에서 식물에 해로운 디시안디아미드를 생성하기 때문에 덧거름용으로 사용하지 못한다.
② 질산칼륨은 석회질소와 관련이 없다.

11 제올라이트는 매우 규칙적인 세공(pore)을 가지고 있는 다공성 물질로, 표면적이 넓고 안정하여 촉매로 쓰인다. 또한 제올라이트의 골격 밖에 있는 양이온은 용액에 있는 다른 양이온들과 교환이 가능하여 이온교환에 이용하기도 한다. 매우 튼튼한 음이온 뼈대 구조를 가지고 있기 때문에 연성은 크지 않다.

12 산의 세기는 H를 잘 내보낼수록, 즉 원자 간 결합이 약할수록 산의 세기가 강해진다. 또한 H와 결합한 원자의 전기음성도가 클수록 산의 세기가 강해진다. 즉 산의 세기는 HF < HNO_3 < H_2SO_4 < HI 순이 된다.

정답 및 해설　9.④　10.②　11.③　12.①

13 A와 B 두 단량체로부터 생성된 공중합체가 다음의 형태를 가질 때, 이 공중합체의 이름은?

$$-A-A-A-A-B-B-B-B-$$

① 블록 공중합체(block copolymer)

② 교대 공중합체(alternating copolymer)

③ 랜덤 공중합체(random copolymer)

④ 그라프트 공중합체(graft copolymer)

14 디젤 연료인 경유의 착화성을 나타내는 척도는?

① 부탄가   ② 세탄가

③ 옥탄가   ④ 이소옥탄가

15 리보핵산(RNA)을 형성하는 리보뉴클레오티드(ribonucleotide)에 해당하지 않는 것은?

① 구아닌   ② 시토신

③ 티민   ④ 우라실

16 인체에서 합성되지 못해, 외부에서 섭취해야 하는 필수아미노산은?

① 글리신   ② 알라닌

③ 페닐알라닌   ④ 아스파라진

17 단계중합법(step-polymerization)에 의해 제조되는 폴리우레탄(polyurethane)의 원료는?

① 알코올과 아민

② 알코올과 카복실산

③ 알코올과 이소시아네이트

④ 아민과 이소시아네이트

---

13 공중합체의 종류와 구조

　㉠ 블록 공중합체 : AAAAABBBBB

　㉡ 교대 공중합체 : ABABABABAB

　㉢ 랜덤 공중합체 : AABBABBABA

　㉣ 그라프트 공중합체 : AAAAA
```
                    |   |
                    B   B
                    B   B
                    B   B
                    B   B
                    B   B
```

14 디젤 연료인 경우의 착화성을 나타내는 척도는 세탄가이다. 옥탄가는 가솔린의 척도이다.

　※ 세탄가 … n-세탄($C_{16}H_{34}$)의 값을 100으로, a-메틸나프탈렌($CH_3 \cdot C_{10}H_7$)을 0으로 하여 시료와 같은 착화성을 가지는 표준연료(두 가지 혼합물) 중의 세탄의 부피비로 나타낸다.

15 RNA를 형성하는 질소염기는 A, U, G, C이고 DNA를 형성하는 질소염기는 A, T, G, C이다.

　※ A : Adenine, G : Guanine, C : Cytosine, T : Thymine, U : Uracil

16 필수아미노산과 비필수아미노산

　㉠ 필수아미노산의 종류 : 발린(valine), 루신(leucine), 아이소루이신(isoleucine), 메티오닌(methionine), 트레오닌(threonine), 라이신(lysine), 페닐알라닌(phenylalanine), 트립토판(tryptophan), 히스티딘(histidine)

　㉡ 비필수아미노산의 종류 : 글리신(glycine), 알라닌(alanine), 세린(serine), 아스파라진산(asparaginic acid), 글루탐산(glutamic acid), 프롤린(proline), 옥시프롤린(oxyproline), 시스틴(cystine), 타이로신(tyrosine) 등

17

$$[HO-R-OH] + [OCN-R'-NCO] \longrightarrow \left[O-R-O-\overset{\overset{O}{\|}}{C}-\overset{\overset{H}{|}}{N}-R'-\overset{\overset{H}{|}}{N}-\overset{\overset{O}{\|}}{C} \right]_n$$

　　알코올　　　　이소시아네이트　　　　　폴리우레탄

정답 및 해설 13.① 14.② 15.③ 16.③ 17.③

18 유지류에 대한 설명으로 옳지 <u>않은</u> 것은?

① 유지의 가수분해 생성물은 비누와 글리세린이다.

② 유지의 불포화도는 요오드가로 측정된다.

③ 불포화 유지에 수소를 첨가하여 경화유를 얻을 수 있다.

④ 유지의 불포화지방산은 공기와의 접촉에 의해 산화된다.

19 알켄(alkene) 화합물에 대한 설명으로 옳은 것만을 모두 고른 것은?

> ㉠ 1-Butene에는 쌍극자 모멘트가 존재한다.
> ㉡ 2-Chlorobutane과 KOH의 제거 반응에 의한 주생성물은 2-butene이다.
> ㉢ *cis*-2-Butene은 *trans*-2-butene보다 끓는점과 녹는점이 낮다.

① ㉠, ㉡   ② ㉠, ㉢

③ ㉡, ㉢   ④ ㉠, ㉡, ㉢

20 고분자의 물리적 특성과 재활용 가능성은 분자사슬 형태에 크게 의존한다. 다음 중 분자사슬 형태가 나머지 셋과 다른 것은?

① 페놀(phenol)과 폼알데히드(formaldehyde)가 염기 촉매 하에서 반응하여 생성되는 페놀 수지

② 아디프산(adipic acid)과 헥사메틸렌디아민(hexamethylenediamine)이 반응하여 생성되는 나일론-6,6(nylon-6,6)

③ 테레프탈산(terephthalic acid)과 1,4-부탄디올(1,4-butanediol)이 반응하여 생성되는 폴리부틸렌 테레프탈레이트(PBT)

④ 테레프탈산(terephthalic acid)과 에틸렌 글리콜(ethylene glycol)이 반응하여 생성되는 폴리에틸렌 테레프탈레이트(PET)

18 유지의 가수분해 생성물은 지방산과 글리세린이다. 비누는 유지를 NaOH 또는 KOH와 같은 알칼리금속 수산화물과 함께 가열하여 비누화 반응을 통해 만들어진다.

19 ㉠ 1-Butene

$$\underset{H}{\overset{H}{>}}C=C\underset{H}{\overset{CH_2-CH_3}{<}} \xrightarrow{\text{골격구조}} \text{이중결합어 한 곳에}$$

이중결합어 한 곳에
모여있기 때문에
쌍극자 모멘트가 존재한다.

㉡ 2-chlorobutane + KOH $\longrightarrow$ 2-butene

㉢ cis-2-Butene   trans-2-butene

극성
끓는점이 높다.

무극성
끓는점이 낮다.

20 페놀수지에만 고리구조에 가지가 붙어 있다.
① 페놀수지

$$\{CH_2 - \underset{CH_2OH}{\overset{OH}{\underset{|}{\bigcirc}}} - CH_2OH\}_n$$

② 나일론 6,6

$$\{(CH_2)_6 NH - \underset{O}{\overset{||}{C}} (CH_2)_4 \overset{||}{\underset{O}{C}} - NH\}$$

③ 폴리부틸렌 테레프탈레이트(PBT)

$$\{O-(CH_2)_4-O-O-C-\bigcirc-C-O\}_n$$

④ 폴리에틸렌 테레프탈레이트(PET)

$$\{O-CH_2-CH_2-O-O-C-\bigcirc-C-O\}_n$$

정답 및 해설 18.① 19.① 20.①

1 다음 중 원자의 바닥 상태에서 전자배치가 옳은 것은?

① B $1S^22S^22P^1$

② C $1S^22S^22P^3$

③ N $1S^22S^22P^5$

④ O $1S^22S^22P^6$

2 다음 〈보기〉에서 지구환경과 관련된 설명으로 옳은 것을 모두 고르면?

〈보기〉

㉠ 지구온난화에 대한 기여도가 큰 순서부터 온실가스를 나열하면 이산화탄소, 아산화질소, 메탄, CFCs 등의 순서이다.

㉡ 전체 오존량의 90%가 성층권에 밀집해 있으며, 이 구역을 오존층이라 부른다.

㉢ CFC 대체물질인 HCFC도 염소를 포함하기 때문에 장기적으로 보면 오존층을 파괴할 수 있다.

---

① ㉡

② ㉡, ㉢

③ ㉠, ㉢

④ ㉠, ㉡, ㉢

3 다음 중 Diels-Alder 반응의 주생성물은?

①

②

③

④

1 ① B : 5번째 원소. $1s^2 2s^2 2p^1$
　② C : 6번째 원소. $1s^2 2s^2 2p^2$
　③ N : 7번째 원소. $1s^2 2s^2 2p^3$
　④ O : 8번째 원소. $1s^2 2s^2 2p^4$

2 ㉠ $CO_2 > CH_4 > CFC_S > N_2O$
　㉡㉢은 옳다.

3 Diels-Alder 결합 :

원래 구조는 꺾여있는 상태였기 때문에
H가 위아래로 존재하게 된다.

정답 및 해설 1.① 2.② 3.③

4 다음 중 고분자전해질 연료전지의 양극과 음극에서 일어나는 반응식으로 가장 옳은 것을 고르면?

① 양극반응 : $H_2 \rightarrow 2H^+ + 2e^-$

   음극반응 : $\dfrac{1}{2}O_2 + 2H^+ + 2e^- \rightarrow H_2O$

② 양극반응 : $H_2 + O_2^- \rightarrow H_2O + 2e^-$

   음극반응 : $\dfrac{1}{2}O_2 + 2e^- \rightarrow O^{2-}$

③ 양극반응 : $H_2 + 2OH^- \rightarrow 2H_2O + 2e^-$

   음극반응 : $\dfrac{1}{2}O_2 + H_2O + 2e^- \rightarrow 2OH^-$

④ 양극반응 : $H_2 + CO_3^{2-} \rightarrow CO_2 + H_2O + 2e^-$

   음극반응 : $CO_2 + \dfrac{1}{2}O_2 + 2e^- \rightarrow CO_3^{2-}$

5 다음 〈보기〉에서 프로필렌으로부터 제조할 수 있는 화학제품에 관한 설명으로 옳은 것을 모두 고르면?

〈보기〉

㉠ 프로필렌이 산화되면 우선 아크롤레인이 되었다가 산화반응에 의해 아크릴산이 제조된다.

㉡ 아크릴산 중합체는 초흡수제의 원료로 사용된다.

㉢ 프로필렌의 암목시데이션(ammoxidation)법에 의해 비스무스를 포함하는 촉매를 사용하여 아크릴로니트릴을 제조할 수 있다.

㉣ 아크릴로니트릴은 ABS 수지의 원료로 사용된다.

① ㉠, ㉢

② ㉠, ㉡, ㉣

③ ㉡, ㉢, ㉣

④ ㉠, ㉡, ㉢, ㉣

6 다음 석유 제품 중 비점이 가장 높은 것은?

① 중유

② 등유

③ 경유

④ 나프타

7 다음 중 고밀도 폴리에틸렌(HDPE)에 대한 설명으로 가장 옳은 것은?

① 인장강도가 크지 않다.

② 구조는 선형이고, 결정화도는 약 90% 정도이다.

③ 반응온도는 200~300℃이고, 고압반응을 한다.

④ 연신율은 500% 정도이고, 밀도는 $0.915 \sim 0.925 g/cm^3$이다.

---

4 (+) $H_2 \rightarrow 2H^+ + 2e^-$

(−) $0.5O_2 + 2H^+ + 2e^- \rightarrow H_2O$

연료전지의 양극에서는 전자가 생성되고, 음극에서 그 전자를 수용하여 물을 생성한다.

5 ㉠ $CH_2 = CHCH_3 \xrightarrow{\text{산화}} CH_2CHCHO \xrightarrow{\text{산화}} CH_2 = CHCOOH$
프로필렌　　　　　　아크롤레인　　　　　　아크릴산

㉢ $2CH_3 = CHCH_3 + 2NH_3 \xrightarrow{\text{촉매}} 2CH_2 = CH$
　　　　　　　　　　　　　　　　　　　　　　　|
　　　　　　　　　　　　　　　　　　　　　　　CN
　　　　　　　　　　　　　　　　　아크릴로니트릴

※ 암목시데이션법은 schio법이라고도 불리며, 몰리브덴-비스무스 촉매 하에서 일어나는 반응이다.

㉣　　　　　　　　　　　　　　　CH = CH₂

$CH_2 = CH - CH = CH_2 + \hexagon + CH_2 = CH \longrightarrow \{CH_2 - CH = CH - CH_2 - CH - CH_2 - CH_2 - CH\}$
　　　　　　　　　　　　　　　　　　　　|　　　　　　　　　　　　　　　　　|　　　　　　　　|
　　　　　　　　　　　　　　　　　　　CN　　　　　　　　　　　　　　　⬡　　　　　　　CN

부타디엔　　　　+　　　　스틸렌　+　아크릴로니트릴　⟶　ABS 수지
　　　　　　　　　　　　　　　　　　　　　　　　　　　　　　(폴리스타렌 공중합체)

6 석유 제품의 비점 ··· LPG < 가솔린 < 등유 < 경유 < 중유

7 ㉠ 고압법 : 저밀도폴리에틸렌 생성방법
　　㉡ 저압법 : 고밀도폴리에틸렌 생성방법. 인장강도가 크며 밀도는 $0.94 \sim 0.96 g/cm^3$. 반응온도는 60~80℃. 압력은 1~6atm에서 일어난다.

정답 및 해설 4.① 5.④ 6.① 7.②

8 다음 중 고분자의 수평균분자량(M_n)과 중량평균분자량(M_w)에 대한 설명으로 가장 옳은 것은?

① M_n은 광산란법이나 원심분리법으로 측정할 수 있다.

② 일반적으로 M_n값이 M_w값보다 크다.

③ M_w/M_n값이 2 이상인 고분자는 1에 가까운 고분자에 비해 결정화되기 어려우며 고체화되는 온도가 낮다.

④ van't Hoff 식을 이용하면 M_w를 얻을 수 있다.

9 다음 중 유지에 대한 설명으로 가장 옳은 것은?

① 라우르산(lauric acid)은 불포화지방산이다.

② 올레산(oleic acid)은 Ni 촉매하에서 수소화 반응을 통해 포화지방산인 스테아르산(stearic acid)으로 전환할 수 있다.

③ 실온에서 유지 100g 속에 들어있는 유지산을 중화하는 데 필요한 KOH의 mg수를 산가라 한다.

④ 포화지방산은 탄소 수가 홀수로 되어 있으며, 천연 유지 중에는 C_{17}-C_{19}의 성분이 가장 많이 존재한다.

10 다음의 화학식을 가지는 합성고무에 해당하는 것은?

$$\left[CH_2 - CH = CH - CH_2 \right]_n \left[CH_2 - \underset{\underset{C \equiv N}{|}}{CH} \right]_m$$

① 스티렌 – 부타디엔 고무
② 부타디엔 고무
③ 니트릴 고무
④ 클로로프렌 고무

11 C_nH_{2n}의 일반식을 갖는 불포화탄화수소로, 석유 속에는 거의 포함되어 있지 않으나 석유의 크래킹 (cracking) 과정에서 다량 생성되어 석유화학공업의 중요한 원료로 사용되는 탄화수소는?

① 올레핀계 탄화수소
② 나프텐계 탄화수소
③ 방향족 탄화수소
④ 파라핀계 탄화수소

---

8 $\dfrac{M_w}{M_n}$=다분산도. 일반적으로 M_w이 M_n보다 크다.

다분산도가 1이면 분자량 분포가 좁다는 의미이고 2이면 분자량 분포가 넓다는 의미다. 분자량 분포가 넓은 경우 결정화가 어렵고 고체화되는 온도가 낮다.
① M_w에 관한 설명이다.
② M_w이 M_n보다 큰 것이 일반적이다.
④ 반트호프식은 평균분자량을 구하는 것이 아니라 일반 분자량을 구하는 식이다.

9 ① 라우르산은 포화지방산이다.
③ 유지 1g 속에 들어 있는 유지산을 중화하는 데 필요한 KOH의 mg수를 산가라 한다.
④ 포화지방산은 탄소 수가 짝수로 되어 있으며, 천연 유지 중에는 C_{16}-C_{18}의 성분이 가장 많이 존재한다.

10 ① 스티렌-부타디엔 고무 : $\{CH_2 - CH = CH - CH_2 - CH_2 - CH\}_n$
② 부타디엔 고무 : $\{CH_2 - CH = CH - CH_2\}_n$
④ 클로로프렌 고무 : $\{CH_2 - C = CH - CH_2\}_n$
　　　　　　　　　　　　　　　$|$
　　　　　　　　　　　　　　　Cl

11 ② 나프텐계 탄화수소 : C_nH_{2n} · 고리형 화합물. 고비점 유분 중에 많이 포함되어 있으며, 고리 내 탄소 원자의 개수는 주로 5개~6개 정도이다.
③ 방향족 탄화수소 : 벤젠 고리가 1개 이상 들어있는 탄화수소 분자. 석유 속에는 5~15% 정도 들어있으며 고비점 유분일수록 많이 들어있다.
④ 파라핀계 탄화수소 : C_nH_{2n+2}. 이성체로는 iso형과 neo형이 있다. 실온 상압 하에는 C_1~C_4는 기체, C_5~C_{30}는 액체, 그 외에는 고체로 존재한다. 비점이 낮을수록 많이 들어있으며 석유 중에 80~90% 정도 들어있다.

정답 및 해설 8.③ 9.② 10.③ 11.①

12 콜타르(coal tar)를 분별 증류할 때 중간유(middle oil)에서 나오는 원료로 무수프탈산의 제조에 사용되는 것은?

① 톨루엔 ② 카바졸

③ 안트라센 ④ 나프탈렌

13 다음 중 계면활성제에 대한 설명으로 가장 옳은 것은?

① 임계미셀농도(CMC)가 작은 것이 미셀이 크다.

② 소수기가 작을수록 미셀이 커지는 경향이 있다.

③ 이온성 계면활성제가 비이온성 계면활성제보다 회합수가 많다.

④ 계면활성제 수용액의 농도가 CMC보다 커지면 표면장력은 급격히 증가한다.

14 다음 중 감광제에 대한 설명으로 가장 옳은 것은?

① 양성 감광제의 노출속도는 음성 감광제보다 빠르다.

② 양성 감광제의 접착성은 음성 감광제보다 좋다.

③ 양성 감광제의 종횡비(분해능)는 음성 감광제보다 높다.

④ 양성 감광제의 현상액은 용제를 사용한다.

15 다음 중 공업용수의 거품과 부식의 원인이 되는 불순물인 HCO_3^- 이온을 처리하는 방법으로 가장 옳지 않은 것은?

① 석회 소다법 ② 증류

③ 아황산나트륨 첨가 ④ 이온교환

16 다음 중 황산에 대한 설명으로 가장 옳은 것은?

① 황산은 부피로 농도를 표시하며, 공업적으로는 보메도($^{\circ}$Be')를 사용한다.

② 93% 이상의 황산은 농도에 따른 비중의 변화가 적어 이 범위 이상의 농도는 백분율로 표시한다.

③ 진비중(d)과 보메도($^{\circ}$Be')의 상호 관계는 $^{\circ}$Be'=144.3$(d - \dfrac{1}{d})$이다.

④ 이온화경향이 수소보다 작은 금속은 묽은 황산과 반응하여 금속 황산염을 생성시키고, 수소를 발생한다.

12 무수프탈산은 나프탈렌과 오쏘자일렌(ortho-Xylene)을 오산화바나듐 촉매로 기체상에서 산화시켜 제조한다.

13 ② 소수기는 사슬구조이기 때문에 소수기가 작을수록 미셀도 작아진다.
③ 이온성 계면활성제가 비이온성 계면활성제보다 회합수가 적다.
④ 계면활성제 수용액의 농도가 CMC보다 커지면 표면장력은 급격히 감소한다. 계면활성제가 계면에너지를 감소시키기 때문이다.

14 ① 양성 감광제의 노출속도는 음성 감광제보다 느리다.
② 양성 감광제의 접착성은 음성 감광제보다 나쁘다.
④ 용제 현상제는 침투탐상검사에 사용된다.

15 HCO_3^-이온을 산화시켜 중화해야 하는데 아황산나트륨은 산화방지제이기 때문에 옳지 않다.

16 ① 보메도는 밀도와 관련이 있다.
③ 진비중과 보메도의 상호관계 : $d = \dfrac{144.3}{144.3 - {}^{0}Be'}$
④ 아연, 철, 마그네슘, 알루미늄 등의 금속이 이러한 반응을 보이며, 이온화경향 순서는 K > Ca > Na > Mg > Zn > Fe > Co > Pb > H > Cu > Hg > Ag > Au이기 때문에 이온화 경향이 크다.

정답 및 해설 12.④ 13.① 14.③ 15.③ 16.②

17 다음 중 중성 비료들로만 나열된 것은?

① 황안, 요소, 석회
② 염안, 석회, 중과린산석회
③ 용성인비, 석회, 요소
④ 염안, 염화칼륨, 요소

18 다음 중 주로 2차 파쇄기로 사용되는 것은?

① 죠 크러셔
② 콘 크러셔
③ 롤 크러셔
④ 햄머밀

19 다음 중 질소산화물 제거공정에 대한 설명으로 가장 옳지 않은 것은?

① 선택적 비촉매 환원법(SNCR)은 암모니아나 요소를 고온에서 NO_x와 직접 반응시키는 방법이다.
② 선택적 촉매 환원법(SCR)은 암모니아를 환원제로 사용한다.
③ 선택적 촉매 환원법(SCR)은 V_2O_5/TiO_2를 촉매로 사용한다.
④ 중유나 석탄 등의 연료를 연소시킬 때 발생하는 질소산화물을 thermal NO_x라 하고, 고온에서 공기산화에 의해 발생되는 NO_x를 fuel NO_x라 부른다.

20 다음 중 반도체 공정에 주로 이용되는 화학기상증착법(CVD)에 관한 설명으로 가장 옳지 않은 것은?

① 원료화합물을 기체 상태로 반응기 내에 공급하여 기판 표면에서 화학반응에 의해 박막이 형성된다.

② PECVD는 플라즈마를 CVD공정에 필요한 에너지로 사용하는 방법이다.

③ 유기금속화합물을 원료로 사용하는 방법을 MOCVD라 부른다.

④ CVD는 일반적으로 물리적 증착공정에 비해 단차피복성(step coverage)이 뒤떨어지는 단점이 있다.

---

17 황안, 중과린산석회는 산성이고 석회, 용성인비는 염기성이다.

18 죠 크러셔는 1차 파쇄기로 쓰이며 롤 크러셔와 햄머밀 크러셔는 주로 3차 이상의 파쇄 때 쓰인다.

19 중유나 석탄 등의 연료를 연소시킬 때 발생하는 질소산화물을 fuel NO_x 라 하고, 고온에서 공기산화에 의해 발생되는 NO_x 를 thermal NO_x 라 부른다.

20 기판 표면에서의 화학 반응에 의해 박막이 형성되므로 단차 피복성(step coverage)이 다른 물리적 증착 공정에 비해 매우 훌륭하다.

정답 및 해설 17.④ 18.② 19.④ 20.④

1 두 다분산(polydisperse) 고분자 시료 A와 B가 동일한 무게로 혼합되었을 때 혼합물의 무게평균분자량($\overline{M}_w$)은? (단, 두 고분자의 수평균분자량과 무게평균분자량은 다음과 같다)

구분	수평균분자량($\overline{M}_n$)	무게평균분자량($\overline{M}_w$)
고분자 A	100,000	200,000
고분자 B	200,000	400,000

① 150,000
② 200,000
③ 300,000
④ 450,000

2 산의 세기(acidity)가 가장 작은 것은?

① 물(H_2O)
② 메테인(CH_4)
③ 불화수소(HF)
④ 암모니아(NH_3)

3 열가소성 수지로만 나열된 것은?

① 폴리에틸렌, 폴리염화비닐, 아크릴수지
② 폴리에틸렌, 폴리염화비닐, 페놀수지
③ 폴리에틸렌, 멜라민수지, 아크릴수지
④ 페놀수지, 요소(우레아)수지, 멜라민수지

4 단계성장 중합반응(step-growth polymerization)으로 합성할 수 없는 것은?

① 폴리염화비닐(polyvinylchloride)

② 폴리우레탄(polyurethane)

③ 폴리아마이드(polyamide)

④ 폴리에스터(polyester)

---

1 무게를 고려한 평균분자량이 무게평균분자량이므로 동일한 무게로 혼합된 혼합물의 무게평균분자량($\overline{M_w}$)은

$$\frac{200,000 + 400,000}{2} = 300,000 \text{이다.}$$

2 산의 세기는 수소이온인 양성자(H^+)를 잘 내놓는 것이 크다. H^+를 잘 내놓으려면 H와 결합한 원자의 전기 음성도가 커야 H가 전자를 두고 나오게 되므로 산의 세기는 $CH_4 < NH_3 < H_2O < HF$이다.

3 열을 가하여 유연하게 되는 수지로 결정성 열가소성 수지에는 폴리에틸렌, 폴리염화비닐, 나일론 등이 있으며 비결정성 열가소성 수지에는 폴리스티렌, ABS 수지, 아크릴 수지 등이 있다. 액체에서 경화시켜 고체가 되면 가교된 상태가 되어 다시 열을 가하여도 부드러워지지 않는 수지를 열경화성 수지라고 하는데 페놀 수지, 요소 수지, 멜라민 수지 등이 있다.

4 ① 폴리염화비닐은 라디칼 중합반응으로 합성한다.
②③④ 단계성장 중합반응으로 합성할 수 있는 고분자는 폴리에스테르, 폴리카보네이트, 폴리아미드, 폴리이미드, 폴리우레탄 등이다.

정답 및 해설 1.③ 2.② 3.① 4.①

5 적외선 분광법(infrared spectroscopy)을 이용해 화합물들을 분석하고자 할 때, 결합 파수 (wavenumber, cm^{-1})가 큰 순서대로 나열한 것은?

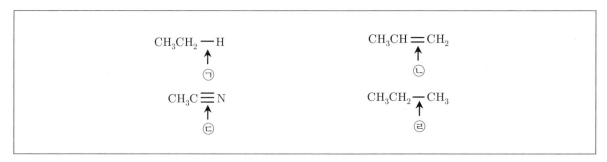

① ㉠ > ㉢ > ㉡ > ㉣
② ㉠ > ㉣ > ㉢ > ㉡
③ ㉢ > ㉠ > ㉡ > ㉣
④ ㉢ > ㉡ > ㉣ > ㉠

6 두 화합물의 끓는점 비교가 옳은 것만을 모두 고른 것은?

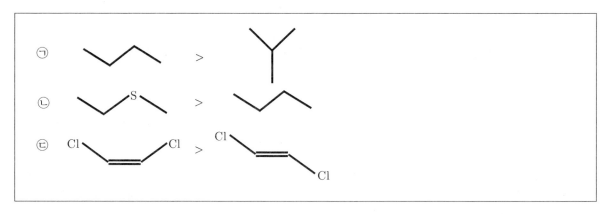

① ㉠
② ㉡
③ ㉡, ㉢
④ ㉠, ㉡, ㉢

7 에틸렌(ethylene)의 가수분해에 의한 생성물은?

① HCHO

② HCOOH

③ CH_3CH_2OH

④ CH_3COCH_3

---

5 적외선 분광법에서 특징적인 적외선 흡수의 결합 파수(cm^{-1})는 ㉠ C-H에서 약 3,000cm^{-1} 부근, ㉡ C=C에서 약 1,700 cm^{-1}, ㉢ C≡N에서 약 2,000cm^{-1} 부근, ㉣ C-C에서 약 1,000cm^{-1} 부근에서 나타난다.

6 ㉠ C_4H_{10}의 이성질체는 분자량이 같으므로 표면적이 큰 것이 분산력이 크다. 분산력이 큰 것은 분자 간 인력이 커서 끓는점이 더 높다. 따라서 끓는점은 ⋀⋁ > ⋎ 이다.

㉡ $C_2H_5SCH_3$와 C_4H_{10}의 분자량이 $C_2H_5SCH_3 > C_4H_{10}$이므로 분산력의 크기도 이와 같다. 또한, 분자의 극성이 $C_2H_5SCH_3 > C_4H_{10}$이므로 쌍극자 – 쌍극자 힘의 크기도 이와 같다. 따라서 분자 간 인력의 크기는 $C_2H_5SCH_3 > C_4H_{10}$이므로 끓는점도 이와 같다.

㉢ $C_2H_2Cl_2$의 이성질체는 분자량이 같고 표면적이 비슷하여 분산력이 비슷하고 *cis*형의 극성이 *trans*형보다 크므로 분자 간 인력의 크기는 (구조식) > (구조식) 이고 끓는점도 이와 같다.

7 에틸렌을 가수분해하면 이중결합 부분이 열리고 각각의 탄소에 H_2O의 -OH와 -H가 결합하여 에탄올이 생성된다.

(반응식 구조 그림)

정답 및 해설 5.① 6.④ 7.③

8 중질 나프타의 접촉 개질(catalytic reforming) 반응에 대한 설명으로 옳은 것만을 모두 고른 것은?

> ㉠ 고리나 가지 구조를 갖는 화합물로 전환되어 고옥탄가 가솔린을 제조할 수 있다.
> ㉡ 이성체 반응에 의해 n-파라핀 구조의 화합물이 아이소(iso)구조로 바뀐다.
> ㉢ 방향족 화합물 생성이 억제된다.

① ㉠, ㉡　　　　　　　　　　　② ㉠, ㉢
③ ㉡, ㉢　　　　　　　　　　　④ ㉠, ㉡, ㉢

9 셀룰로스(cellulose)에 대한 설명으로 옳은 것만을 모두 고른 것은?

> ㉠ 탄수화물의 일종으로서 다당류이다.
> ㉡ 글루코스만으로 구성된 고분자이다.
> ㉢ 셀룰로스 합성 시 고분자 결합은 방사형으로 일어난다.
> ㉣ 셀룰로스 분자는 결정 영역과 비결정 영역으로 이루어져 있다.

① ㉠, ㉡, ㉢　　　　　　　　　② ㉠, ㉡, ㉣
③ ㉠, ㉢, ㉣　　　　　　　　　④ ㉡, ㉢, ㉣

10 비누에 대한 설명으로 옳지 않은 것은?

① 비누 분자의 양쪽 끝은 각각 친수성과 소수성으로 이루어진다.
② 비누 분자의 긴 탄화수소 사슬은 친수성이다.
③ 일정 농도 이상에서 물에 분산되어 마이셀(micelle)을 형성한다.
④ 지방을 염기에 의해 가수분해하여 얻는 혼합물이다.

11 중성비료에 해당하는 것은?

① 석회질소   ② 용성인비

③ 과인산석회   ④ 요소

12 실리콘(Si)에 첨가해서 p-형 반도체를 제조할 수 있는 것은?

① 안티몬(Sb)   ② 비소(As)

③ 비스무스(Bi)   ④ 인듐(In)

---

8 ㉠㉢ 나프타의 접촉개질반응에 의해 방향족, 고리 화합물, 가지 구조 화합물로 전환되므로 고옥탄가 가솔린이 제조된다.
    ㉡ 이성체 반응이 일어나 n-파라핀이 iso-파라핀 구조로 바뀌어 옥탄가가 높아진다.

9 ㉠㉡ 셀룰로스는 탄수화물의 일종으로 단당류인 글루코스($C_6H_{12}O_6$)가 결합하여 형성된 고분자 다당류이다.
    ㉢ 셀룰로스는 선형구조이다.
    ㉣ 셀룰로스는 분자 간 및 분자 내 수소결합으로 인해 고도로 결정화된 부분이 있으며 이 외의 부분은 비결정 부분이다.

10 ① 비누는 친수성 머리와 소수성 꼬리를 가진 계면활성제이다.
    ② 비누 분자의 긴 탄화수소 사슬은 소수성이다.
    ③ 비누는 일정 농도 이상이 물에 풀어지면 분산되어 마이셀을 형성한다.
    ④ 비누는 지방을 염기로 가수 분해하여 얻는다.
    $$RCOOR' + NaOH \xrightarrow{\text{비누화 반응}} RCOONa + R'OH$$

11 수용액의 액성에 따라 산성, 중성, 염기성 비료로 나눌 수 있다.
    ① 석회질소(CaO): $CaO + H_2O \rightarrow Ca(OH)_2$ – 염기성
    ② 용성인비(인산칼슘, 인산마그네슘 규산칼슘, 규산마그네슘 등의 혼합물) – 염기성
    ③ 과인산석회[$Ca(H_2PO_4)_2 \cdot H_2O$]: H^+를 내놓음 – 산성
    ④ 요소[$CO(NH_2)_2$] – 중성

12 14족 원소인 실리콘(Si)에 첨가하여 p-형 반도체를 만들려면 양공이 생기는 13족 원소를 첨가하여야 한다. 15족 원소를 첨가하면 n-형 반도체를 만들 수 있다.
    ① 안티몬(Sb) – 15족
    ② 비소(As) – 15족
    ③ 비스무스(Bi) – 15족
    ④ 인듐(In) – 13족

정답 및 해설 8.① 9.② 10.② 11.④ 12.④

13 다음에서 설명하는 특성을 모두 만족하는 물질은?

> • 규칙적인 미세 기공으로 인한 분자체 작용이 있다.
> • 이온교환능에 의해 브뢴스테드－로우리(Brønste－Lowry) 산성, 루이스(Lewis) 산성을 발현할 수 있다.
> • 전이 금속을 도입하여 촉매 활성점으로 작용하는 것이 가능하다.

① 알루미나 ② 타이타니아
③ 제올라이트 ④ 산화마그네슘

14 포름알데하이드(formaldehyde)와 축합 중합으로 합성할 수 없는 것은?

① 페놀 수지 ② 에폭시 수지
③ 멜라민 수지 ④ 요소(우레아) 수지

15 단순기질과 단순효소 반응에서 미하엘리스 – 멘텐(Michaelis–Menten)식에 대한 설명으로 옳은 것만을 모두 고른 것은?

> ㄱ 기질 농도(S)가 미하엘리스 – 멘텐 상수(K_m)보다 높을 때($S \gg K_m$) 반응속도가 일정해지고 기질 농도에 무관하다.
> ㄴ 기질 농도(S)가 미하엘리스 – 멘텐 상수(K_m)보다 낮을 때($S \ll K_m$) 반응속도는 기질 농도에 반비례한다.
> ㄷ 기질 농도(S)가 미하엘리스 – 멘텐 상수(K_m)와 같을 때($S = K_m$) 반응속도는 최대반응속도(V_{max})의 $\frac{1}{2}$이 된다.

① ㄱ, ㄴ ② ㄱ, ㄷ
③ ㄴ, ㄷ ④ ㄱ, ㄴ, ㄷ

16 $\varepsilon-$카프로락탐($\varepsilon-$caprolactam)의 개환중합으로 합성할 수 있는 것은?

① 나일론 6

② 나일론 11

③ 나일론 6,6

④ 나일론 6,10

---

13 제올라이트는 다공질의 결정성 알루미노규산염(Al_2O_3/SiO_2)으로 규칙적인 미세기공으로 분자체 작용이 있다. 또한, 이온교 환능으로 인해 브뢴스테드-로우리 산, 루이스 산으로 작용할 수 있으며 전이금속을 도입하면 촉매활성점으로 작용가능하다.

14 ① 페놀 수지는 페놀과 포름알데히드의 축합에 의해서 생기는 열경화성 수지이다.
② 에폭시 수지는 둘 이상의 에폭사이드 작용기를 가지며 일반적으로 비스페놀 A와 에피클로로히드린의 중합반응으로 만든다.
③ 멜라민 수지는 멜라민과 폼알데하이드 사이에 축합에 의해 생기는 열경화성 수지이다.
④ 요소(우레아) 수지는 요소와 폼알데하이드의 축합반응으로 생기는 열경화성 수지이다.

15 미하엘리스-멘텐식은 $v = \dfrac{d[P]}{dt} = \dfrac{V_{\max}[S]}{K_m + [S]}$ ($[S]$: 기질(반응물, Substrate) S의 농도, $[E]$: 효소(Enzyme) E의 농도, $[ES]$

: 효소-기질 복합체의 농도(Enzyme-Substrate complex), $[P]$: 생성물(Product)의 농도, $V_{\max}$: 최대 반응속도, K_m : 미하 엘리스 상수)

㉠ 기질의 농도가 미하엘리스-멘텐 상수보다 높으면 반응속도는 $V_{\max}$ 로 일정하다.

㉡ 기질 농도가 미하엘리스-멘텐 상수보다 낮으면 반응속도는 $\dfrac{V_{\max}[S]}{K_m}$ 으로 반응속도가 기질의 농도에 비례한다.

㉢ 기질 농도가 미하엘리스-멘텐 상수와 같으면 반응속도는 $\dfrac{V_{\max}[S]}{2[S]} = \dfrac{V_{\max}}{2}$ 가 된다.

16 ① 나일론 6은 $\varepsilon-$카프로락탐의 개환중합 반응으로 만들어진다.

② 나일론 11은 $\omega-$아미노운데칸산의 중합으로 얻는다.
③ 나일론 6,6은 아디프산과 헥사메틸렌디아민을 반응시켜 얻는다.
④ 나일론 6,10은 염화세바코일(sebacoyl chloride)과 헥사메틸렌디아민을 반응시켜 얻는다.

정답 및 해설 13.③ 14.② 15.② 16.①

17 질산의 제조법이 아닌 것은?

① 이수염법   ② 전호법

③ 칠레초석법   ④ 암모니아 산화법

18 다음 설명에 해당하는 반응은?

> • 합성가스를 이용해 탄화수소로 만드는 방법이다.
> • 대기압, 150~300 ℃에서 합성가스를 철, 니켈, 코발트 촉매 하에 반응시킨다.
> • 생성물은 다양한 분자량을 가진 알케인과 올레핀의 혼합물이다.

① Haber 반응

② Friedel-Crafts 반응

③ Fischer-Tropsch 반응

④ 수증기 분해(steam cracking) 반응

19 촉매 담체에 대한 설명으로 옳은 것만을 모두 고른 것은?

> ㉠ 고정화에 의해 승화하기 쉬운 성분의 휘산(volatilization)을 방지할 수 있다.
> ㉡ 담체를 사용하여 촉매를 원하는 형태로 만들어 기계적 강도를 높일 수 있다.
> ㉢ 비표면적이 큰 담체에 금속을 미립자상으로 고정, 분리시켜 소결을 억제할 수 있다.

① ㉠   ② ㉠, ㉡

③ ㉡, ㉢   ④ ㉠, ㉡, ㉢

20 다음 ⑦~ⓒ에 들어갈 용어가 바르게 연결된 것은?

> 폴리스타이렌(polystyrene)의 원료인 스타이렌(styrene)은 (⑦)으로부터 제조되고, (⑦)의 원료물질은 (ⓛ)과 (ⓒ)이다.

	⑦	ⓛ	ⓒ
①	에틸벤젠(ethylbenzene)	에틸렌(ethylene)	벤젠(benzene)
②	큐멘(cumene)	프로필렌(propylene)	벤젠(benzene)
③	큐멘(cumene)	에틸렌(ethylene)	톨루엔(toluene)
④	페놀(phenol)	에탄올(ethanol)	벤젠(benzene)

---

17 ① 인산의 제법 중 습식인산법은 함수율에 따라 이수염법, 반수염법, 무수염법으로 나뉜다.
② 전호법은 아크방전법이라고도 불리며 공기 중에서의 방전으로 공기 중의 질소와 산소로 질산을 제조한다.
③ 칠레초석법은 고전적 질산 제조법으로 칠레초석을 황산으로 분해하는 방법이다.
④ 암모니아 산화법은 오스트발트법이라고도 불리며 암모니아를 산화하여 질산을 제조하는 방법이다.

18 ① Haber 반응은 질소와 수소를 반응시켜 암모니아를 얻는 반응이다.
② Friedel-Crafts 반응은 벤젠 등의 방향고리가 무수염화알루미늄의 하에서 할로겐화알킬에 의해 알킬화 혹은 할로겐화아실에 의해 아실화하는 반응이다.
③ Fischer-Tropsch 반응은 일산화탄소와 수소를 반응시켜 액체상태의 탄화수소를 합성하는 방법으로, 합성가스를 대기압 150~300℃에서 철, 니켈, 코발트 촉매하에서 반응시켜 다양한 분자량을 가진 알케인과 올레핀의 혼합물을 얻는다.
④ 수증기 분해 반응은 나프타를 고온에서 분해하여 에틸렌 등의 여러 물질을 제조하는 방법이다.

19 ⑦ 촉매 담체는 고정화를 해주어 승화하기 쉬운 성분의 휘산을 방지할 수 있다.
ⓛ 촉매 담체를 사용하면 촉매를 보호하고 원하는 형태로 변화시켜 기계적 강도를 높일 수 있다.
ⓒ 촉매 담체는 비표면적이 큰 담체에 금속을 미립자상으로 고정, 분리시켜 소결을 억제시킬 수 있다.

20 폴리스타이렌의 원료인 스타이렌은 에틸벤젠의 탈수소화 반응으로 생성되며, 에틸벤젠의 원료물질은 에틸렌과 벤젠이다.

정답 및 해설 17.① 18.③ 19.④ 20.①

1 다음 알킬화(alkylation) 반응에서 사용되는 촉매는?

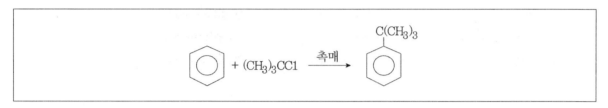

① LiAlH₄ 　　　　　　　　　② AlCl₃

③ KMnO₄ 　　　　　　　　　④ K₂Cr₂O₇

2 유기화합물 A와 Grignard 시약을 반응시켜 3차 알코올을 얻었다. 이때 유기화합물 A에 해당하는 것은?

① 포름알데하이드(formaldehyde)

② 아세트알데하이드(acetaldehyde)

③ 아세트산(acetic acid)

④ 아세톤(acetone)

3 데옥시리보핵산(DNA)은 아데닌(A), 구아닌(G), 시토신(C) 및 티민(T)이 결합된 뉴클레오티드(nucleotide)로 구성되며 이중나선구조를 갖는다. 두 가닥에 있는 염기들은 A와 T, G와 C의 쌍으로 이루어져 있다. 이때 염기쌍을 이루는 결합은?

① 이온결합 　　　　　　　　② 배위결합

③ 공유결합 　　　　　　　　④ 수소결합

4 비스페놀 A(bisphenol A)와 에피클로로히드린(epichlorohydrin)의 반응에 의해 얻어지는 합성수지는?

① 폴리우레탄(polyurethane)

② 에폭시수지(epoxy resin)

③ 아미노수지(amino resin)

④ 폴리카보네이트(polycarbonate)

---

1 Friedel–Crafts 반응은 벤젠 등의 방향고리가 무수염화알루미늄($AlCl_3$) 촉매하에서 할로겐화알킬에 의해 알킬화 혹은 할로 겐화아실에 의해 아실화하는 반응이다.

2 Grignard 시약(RMgX)은 카보닐화합물과 반응하여 알코올을 생성한다.
① 폼알데히드는 Grignard 시약과 반응하여 1차 알코올을 만든다.

② 아세트알데히드는 Grignard 시약과 반응하여 2차 알코올을 만든다.

③ 아세트산은 카복실기의 수소가 염기성인 시약과 반응해 버리므로 알코올의 제조가 불가능하다.
④ 아세톤은 Grignard 시약과 반응하여 3차 알코올을 만든다.

3 DNA는 두 가닥의 폴리뉴클레오티드가 이중나선 구조를 가질 때, 각 두 가닥의 염기 A, G, C, T는 상보적으로 결합하는데 이 때의 결합은 수소결합이다.(A와 T, C와 G)

4 에폭시 수지는 둘 이상의 에폭사이드 작용기를 가지며 일반적으로 비스페놀 A와 에피클로로하이드린의 중합반응으로 만든다.

정답 및 해설 1.② 2.④ 3.④ 4.②

5 반도체공정 기술에서 박막형성 공정으로 옳지 않은 것은?

① 스퍼터링(sputtering)

② 화학기상증착(CVD)

③ 식각(etching)

④ 도금(plating)

6 방향족 화합물들의 친전자성 치환반응에서 반응성이 낮은 것부터 순서대로 바르게 나열한 것은?

① 브로모벤젠 〈 벤즈알데하이드 〈 아닐린 〈 벤젠

② 벤즈알데하이드 〈 아닐린 〈 브로모벤젠 〈 벤젠

③ 벤즈알데하이드 〈 브로모벤젠 〈 벤젠 〈 아닐린

④ 아닐린 〈 벤즈알데하이드 〈 벤젠 〈 브로모벤젠

7 다음 흡착에 대한 설명으로 옳은 것만을 모두 고른 것은?

> ㉠ 흡착에는 분자간 응집력에 의한 물리흡착과 화학결합에 의한 화학흡착이 있다.
> ㉡ 물리흡착은 단분자층, 화학흡착은 다분자층 흡착이 가능하다.
> ㉢ 화학흡착이 물리흡착에 비해 활성화 에너지가 크다.
> ㉣ 상온에서 흡착속도는 물리흡착이 화학흡착보다 느리다.

① ㉠, ㉡

② ㉠, ㉢

③ ㉠, ㉡, ㉢

④ ㉡, ㉢, ㉣

8 바이오 반응기에 사용되는 고정화 효소의 제법에 해당하지 않는 것은?

① 흡착(adsorption)법

② 공유결합(covalent bond)법

③ 포괄(entrapping)법

④ 전해투석(electrodialysis)법

---

5 반도체공정 중 박막형성 고정은 진공기화법, 스퍼터링, 화학기상증착, 도금 등이 있다. 식각공정(에칭)은 표면에서 원하는 부분을 물리, 화학적 과정으로 제거하는 것을 말한다.

6 각 주어진 물질의 치환기는 다음과 같다.
- 브로모 벤젠 : −Br
- 벤즈알데히드 : −CHO
- 아닐린 : −NH_2
- 벤젠 : −H

방향족 화합물의 친전자성 치환반응에서 반응성은 치환기에 따라 달라지는데 반응성 순서는 −NH_2 > −OH > −OR > −R > −H(벤젠) > −X(할로겐) > −CHO 등의 순서이다. 따라서 반응성이 낮은 것부터 순서대로 나타내면 '벤즈알데히드<브로모벤젠<벤젠<아닐린'이다.

7 ㉠ 흡착에는 분자 간 응집력으로 인한 물리흡착과 화학결합으로 이루어지는 화학흡착이 있다.
㉡ 물리흡착은 다층흡착, 화학흡착은 단층흡착이 가능하다.
㉢ 물리흡착은 화학반응이 일어나는 것이 아니므로 활성화에너지가 없고 화학흡착은 화학반응으로 일어나는 것이므로 활성화에너지가 존재한다.
㉣ 물리흡착은 저온에서 가능하나 화학흡착에는 열에너지가 필요하므로 상온에서 흡착속도는 물리흡착이 화학흡착보다 빠르다.

8 대부분의 효소들은 구형단백질로 물에 쉽게 용해되기 때문에 재사용을 위한 회수를 쉽게 하도록 주로 불용성 담채에 고정화시켜 사용한다. 이러한 효소의 고정화 기술에는 화학적 방법으로 공유결합법, 가교법이 있으며 물리적 방법으로 흡착법, 포괄법, 미세캡슐화법이 있다. 전해투석(전기투석)법은 콜로이드의 정제나 해수농축, 탈염 등의 전해질 용액 속의 이온 분리에 사용한다.

정답 및 해설 5.③ 6.③ 7.② 8.④

9 압출(extrusion)로 성형할 수 없는 것은?

① 폴리염화비닐(polyvinyl chloride)

② 폴리에틸렌 테레프탈레이트(polyethylene terephthalate)

③ 폴리프로필렌(polypropylene)

④ 페놀수지(phenol resin)

10 실리콘 오일(silicone oil)의 분자구조로 옳은 것은?

①
$$
R-\underset{\underset{CH_3}{|}}{\overset{\overset{CH_3}{|}}{Si}}-\left[\underset{\underset{CH_3}{|}}{\overset{\overset{CH_3}{|}}{Si}}\right]_n-\underset{\underset{CH_3}{|}}{\overset{\overset{CH_3}{|}}{Si}}-R
$$

②
$$
R-\underset{\underset{CH_3}{|}}{\overset{\overset{CH_3}{|}}{Si}}-O-\left[\underset{\underset{CH_3}{|}}{\overset{\overset{CH_3}{|}}{Si}}-O\right]_n-\underset{\underset{CH_3}{|}}{\overset{\overset{CH_3}{|}}{Si}}-R
$$

③
$$
R-\underset{\underset{CH_3}{|}}{\overset{\overset{CH_3}{|}}{Si}}-CH_2-\left[\underset{\underset{CH_3}{|}}{\overset{\overset{CH_3}{|}}{Si}}-CH_2\right]_n-\underset{\underset{CH_3}{|}}{\overset{\overset{CH_3}{|}}{Si}}-R
$$

④
$$
R-\underset{\underset{CH_3}{|}}{\overset{\overset{CH_3}{|}}{Si}}-NH-\left[\underset{\underset{CH_3}{|}}{\overset{\overset{CH_3}{|}}{Si}}-NH\right]_n-\underset{\underset{CH_3}{|}}{\overset{\overset{CH_3}{|}}{Si}}-R
$$

11 원유의 열분해(thermal cracking)에 대한 설명으로 옳지 않은 것은?

① 탄소양이온 메커니즘으로 진행된다.

② 분해에 의해 다량의 에틸렌(ethylene)이 생성된다.

③ 열분해법은 비스브레이킹법(visbreaking process)과 코킹법(coking process)이 있다.

④ 코크스(coke)와 타르(tar)의 석출이 많다.

12 다음 반응의 주생성물은?

$$
\underset{H_3C}{\overset{H_3C}{>}}C = C\underset{CH_2CH_3}{\overset{H}{<}} \quad + \quad HCl \quad \longrightarrow \quad \text{주생성물}
$$

①

$$
CH_3 - \underset{\underset{Cl}{|}}{\overset{\overset{CH_3}{|}}{C}} - CH_2CH_2CH_3
$$

②

$$
CH_3 - \underset{}{\overset{\overset{CH_3}{|}}{CH}} - CH_2\underset{\underset{Cl}{|}}{CH}CH_3
$$

③

$$
CH_3 - \underset{}{\overset{\overset{CH_3}{|}}{CH}} - \underset{\underset{Cl}{|}}{CH}CH_2CH_3
$$

④

$$
\underset{H_3C}{\overset{H_3C}{>}}C = C\underset{CH_2CH_2Cl}{\overset{H}{<}}
$$

---

9 압출은 재료에 열과 강한 압력을 가하여 원하는 모양을 만드는 방법으로 합성수지에서 열가소성 수지를 성형할 수 있다. 열가소성 수지는 폴리염화비닐, 폴리에틸렌 테레프탈레이트, 폴리프로필렌, 폴리스티렌 등이다. 열경화성 수지는 페놀수지, 멜라민수지 등으로 이들은 가교되어 있어 열을 가해 성형할 수 없다.

10 실리콘 오일은 일반적으로 직쇄상의 구조이고 규소원자와 산소의 결합이 존재하는 부분이 존재하며 그 외 나머지 치환기에 따라 분류된다.

11 ① 열에 의해 분해되는 반응으로 탄소양이온 메커니즘으로 진행되는 SN1 반응인 치환반응과는 다르다.

12 Markovnikov 첨가반응에서 HX가 알켄에 첨가될 때, 수소는 이중결합 탄소 중 수소원자가 더 많은 탄소에 첨가된다. 따라서 반응은 다음과 같다.

$$
\underset{H_3C}{\overset{H_3C}{>}}C = C\underset{CH_2CH_3}{\overset{H}{<}} \quad + \quad HCl \quad \longrightarrow \quad Cl - \underset{\underset{CH_3}{|}}{\overset{\overset{CH_3}{|}}{C}} - \underset{\underset{CH_2CH_3}{|}}{\overset{\overset{H}{|}}{C}} - H
$$

정답 및 해설 9.④ 10.② 11.① 12.①

13 유지의 화학적 특성에서 불포화도를 측정하는 유지의 시험법은?

① 산가(acid value)

② 비누화가(saponification value)

③ 요오드가(iodine value)

④ 수산기가(hydroxyl value)

14 다음 비료에 대한 설명으로 옳은 것만을 모두 고른 것은?

> ㉠ 비료의 3요소는 질소(N), 인(P), 칼륨(K)이다.
> ㉡ 용성인비는 염기성 비료이므로 산성토양에 적합하다.
> ㉢ 배합비료는 비료의 3요소를 모두 혼합함으로써 성립된다.
> ㉣ 합성비료의 주원료인 암모니아는 질소와 수증기를 반응시키는 하버−보슈(Haber−Bosch)법으로 대량생산될 수 있다.

① ㉠, ㉡

② ㉠, ㉢

③ ㉠, ㉢, ㉣

④ ㉡, ㉢, ㉣

15 대부분 질소유도체인 아민염 및 암모늄계 화합물이고, 세제 용도보다는 섬유처리제, 분산제, 부유선광제, 살균소독제 등의 용도로 활용되는 계면활성제는?

① 음이온성 계면활성제

② 양이온성 계면활성제

③ 비이온성 계면활성제

④ 양쪽성 계면활성제

16 그래핀(graphene)의 제조법으로 옳지 않은 것은?

① 스카치테이프법

② 흑연의 산화–환원 반응을 이용한 합성법

③ 화학기상증착(CVD) 성장법

④ 공비증류법

13 ① 산가는 시료 1g에 함유된 유리지방산을 중화하는 데 필요한 수산화 칼륨의 mg수이다.

② 비누화가는 시료 1g을 비누화하는 데 필요한 수산화칼륨의 mg으로, 유지를 구성하는 지방산의 분자량이 반영된다.

③ 요오드가는 시료 100g에 흡수되는 요오드의 g수로, 유지를 구성하고 있는 지방산의 불포화도를 나타낸다.(흡수가 많으면 불포화도가 높음)

④ 수산기가는 시료 1g을 아세틸한 것을 가수분해하면 아세트산이 생기는데 이 아세트산을 중화시키는 데 필요한 수산화칼륨의 mg수로, 수산기의 정량에 사용된다.

14 ㉢ 배합비료는 비료의 3요소 중 두 가지 이상을 혼합한 비료이다.

㉣ 합성비료의 주원료인 암모니아는 질소와 수소를 반응시키는 하버–보슈법으로 대량생산될 수 있다.

15 ① 음이온성 계면활성제는 주로 비누, 합성세제로 사용된다.

② 양이온 계면활성제는 대부분 아민염 혹은 암모늄계 화합물로 주로 방수제, 유연제, 소독제 등으로 사용된다.

③ 비이온성 계면활성제는 이온성이 없으며 응용분야가 광범위하여 에멀션 중합, 제초제, 살충제, 대전방지제 등으로 사용한다.

④ 양쪽성 계면활성제는 분자 내 양이온성과 음이온성을 모두 가지고 있는 것으로 화장품, 소독제, 섬유처리제 등으로 사용한다.

16 ① 그래핀은 기계적 박리법으로 스카치 테이프의 접착력을 이용해 흑연으로부터 분리할 수 있다.

② 그래핀은 흑연을 산화시킨 후에 다시 환원시켜 만들 수 있다.

③ 그래핀은 화학기상증착법(CVD) 성장법으로 탄소원으로부터 성장시켜 만들 수 있다.

④ 공비증류법은 끓는점이 같거나 비슷한 성분으로 이루어진 액체 혼합물을 분리하는 증류법으로 수분을 함유하는 에탄올의 분리 등에 사용한다.

정답 및 해설 13.③ 14.① 15.② 16.④

17 화학반응에서 촉매의 기능에 대한 설명으로 옳은 것만을 모두 고른 것은?

> ㉠ 촉매는 활성화에너지를 변화시킨다.
> ㉡ 촉매는 반응속도에 영향을 미친다.
> ㉢ 촉매는 반응의 양론식을 변화시킨다.
> ㉣ 촉매는 화학평형 자체를 변화시키지 못한다.

① ㉠, ㉡, ㉢   ② ㉠, ㉡, ㉣
③ ㉠, ㉢, ㉣   ④ ㉡, ㉢, ㉣

18 석탄의 건류에 대한 설명으로 옳지 않은 것은?

① 건류에 의하여 수소, 일산화탄소, 메탄 등의 가스, 액상의 타르(tar), 고형의 코크스(coke)가 얻어진다.
② 역청탄과 같은 점결탄의 건류에 의해 얻어지는 다공성 코크스(coke)는 제철환원용으로 사용된다.
③ 건류로 생성되는 타르(tar)를 증류하여 얻어지는 주요 성분에는 나프탈렌(naphthalene), 안트라센(anthracene) 등이 있다.
④ 건류는 공기를 지속적으로 불어넣어 주며 고온으로 석탄을 가열시키는 공정이다.

19 다음은 고분자를 합성할 때 유리전이온도(glass transition temperature, T_g)에 미치는 인자에 대한 설명이다. 옳은 것만을 모두 고른 것은?

> ㉠ 가교제에 의해 가교되었을 때 T_g가 감소한다.
> ㉡ 측쇄(side chain)가 많을수록 T_g가 증가한다.
> ㉢ 사슬길이(chain length)가 감소할수록 T_g가 감소한다.
> ㉣ 가소제를 가하거나 사슬(chain)의 자유부피가 증가하면 T_g가 증가한다.

① ㉠, ㉡   ② ㉠, ㉣
③ ㉡, ㉢   ④ ㉢, ㉣

20 최근 목질계 바이오매스(biomass)의 효율적 이용을 위해 리그닌(lignin)의 활용에 대한 관심이 급증하고 있다. 리그닌에 대한 설명으로 옳지 않은 것은?

① 리그닌은 목질계 단백질로, 세포와 세포를 결합시키는 역할을 한다.

② 리그닌은 목재 내에 대략 20~30 %의 중량으로 존재한다.

③ 리그닌은 펄프의 백색도를 떨어뜨려 펄프의 품질을 저하시킨다.

④ 리그닌은 크라프트 펄핑공정(kraft pulping)에서 증해폐액인 흑액의 형태로 분리된다.

---

17 ㉠㉡ 촉매는 활성화에너지를 변화시켜 반응속도에 영향을 미친다.
　　㉢㉣ 촉매는 반응의 양론식이나 화학평형을 변화시킬 수 없다.

18 ① 석탄의 건류에 의하여 수소, 일산화탄소, 메탄 등의 가스, 액상의 타르와 고형의 코크스를 얻는다.
　　② 역청탄과 같은 점결탄의 건류에 의해 얻어지는 다공성 코크스는 제철과정에서 환원제로 사용된다.
　　③ 건류로 생성되는 타르를 증류하여 얻어지는 주요 성분에는 나프탈렌, 안트라센, 벤젠류, 페놀류 등이 있다.
　　④ 건류는 공기를 차단한 상태에서 고온으로 석탄을 가열하는 것이다.

19 ㉠ 가교에 의해 T_g는 증가한다.
　　㉣ 가소제를 첨가하거나 사슬의 자유부피가 증가하면 T_g는 감소한다.

20 ① 리그닌은 지용성 페놀고분자로 방향족 화합물이며 이것은 세포와 세포를 결합시키는 역할을 한다.

정답 및 해설 17.② 18.④ 19.③ 20.①

1 석탄화도가 가장 높은 것은?

① 아탄
② 갈탄
③ 무연탄
④ 역청탄

2 다음 반응에 대한 설명으로 옳지 않은 것은?

$$N_2(g) + 3H_2(g) \rightleftharpoons 2NH_3(g) + 열$$

① 산화철 촉매를 사용하면 반응 속도가 빨라진다.
② 평형 혼합물에서 암모니아를 제거하면 평형은 오른쪽으로 이동한다.
③ 압력이 높을수록 암모니아의 생성에 유리하다.
④ 온도가 낮을수록 평형은 왼쪽으로 이동한다.

3 이온형 계면활성제가 아닌 것은?

① 황산염형 계면활성제
② 폴리에틸렌글리콜형 계면활성제
③ 암모늄염형 계면활성제
④ 카복실산염형 계면활성제

4 산 무수물(acid anhydride)과 알코올(alcohol)을 반응시켰을 때의 생성물은?

① 에터(ether)와 에스터(ester)

② 에스터(ester)와 카복실산(carboxylic acid)

③ 알코올(alcohol)과 에터(ether)

④ 알코올(alcohol)과 카복실산(carboxylic acid)

---

1 석탄화도는 탄소 함유량이다. 따라서 석탄화도가 높은 순서는 '무연탄>역청탄>갈탄>아탄'이다.

2 ① 산화철 촉매를 사용하면 반응속도가 빨라진다.
   ② 주어진 반응은 가역반응으로 정반응의 생성물인 암모니아를 제거하면 평형은 오른쪽으로 이동한다.
   ③ 정반응에서 반응물의 계수합이 생성물의 계수합보다 크므로 정반응은 입자수가 감소하는 반응이다. 압력이 높아지면 입자수가
      감소하는 편이 유리하게 되므로 평형은 오른쪽으로 이동하여 암모니아가 더 잘 생성된다.
   ④ 정반응이 발열반응으로 온도가 낮을수록 평형은 오른쪽으로 이동한다.

3 음이온 계면활성제는 비누와 같은 카복실산염형. 술폰산염(황산염), 황산에스테르형 등이 있으며 양이온 계면활성제는 아민
   염형, 암모늄염형 등이 있다. 양쪽성 계면활성제는 아미노산형, 베타인형, 레시틴, 타우린 등이 있고 이온성이 없는 계면활
   성제는 폴리에틸렌글리콜형, 에스테르형, 아마이드형 등이 있다.

4 산 무수물($RCOOCOR'$)과 알코올($R''OH$)을 반응시키면 에스터와 카복실산이 생성된다.

$$R \overset{O}{\underset{}{\wedge}} O \overset{O}{\underset{}{\wedge}} R' + R''OH \longrightarrow R \overset{O}{\underset{}{\wedge}} OR'' + R' \overset{O}{\underset{}{\wedge}} OH$$

정답 및 해설 1.③ 2.④ 3.② 4.②

5 산도(acidity)가 높은 것부터 순서대로 바르게 나열한 것은?

① 염산 > 페놀 > 아세트산 > 에탄올

② 염산 > 아세트산 > 페놀 > 에탄올

③ 염산 > 아세트산 > 에탄올 > 페놀

④ 염산 > 에탄올 > 아세트산 > 페놀

6 아세트산(acetic acid)과 에탄올(ethanol)의 반응을 통해 에스터(ester)를 생성시키고자 한다. 이 때, 주어진 반응 시간 동안 에스터의 수율(yield)을 높이기 위한 방법으로 옳지 않은 것은?

① 생성되는 물을 계(system) 밖으로 제거한다.

② 에탄올을 과량 사용한다.

③ 수산화 소듐(NaOH)을 소량 첨가한다.

④ 황산(H_2SO_4)을 촉매로 사용한다.

7 카이랄 중심(chiral center)이 R 배열을 갖는 화합물은?

①
```
        OH
        |
        C····‖CH₂OH
 H₃C   ◤
       COOH
```

②
```
        Cl
        |
        C····‖CH₂I
 Br    ◤
       CH₃
```

③
```
        OH
        |
        C····‖CH₂CH₃
 H     ◤
       CH(CH₃)₂
```

④
```
        CH₂CH₃
        |
        C····‖CH(CH₃)₂
 H₃C   ◤
       CH₂CH₂CH₃
```

5 산도는 산의 세기를 말하며 일반적으로 산이라 불리는 염산과 아세트산의 산도가 에탄올, 페놀보다 높다. 산에서 강산인 염산은 약산인 아세트산보다 산도가 높다. 또한, 아세트산은 C=O 부분이 에탄올의 CH_2에 비해 전자를 잘 끌어당기기 때문에 산도가 더 높다. 따라서 산도는 염산〉아세트산〉에탄올이다. 여기서 페놀과 에탄올의 산도를 비교하면 페놀의 산소와 결합된 벤젠고리 부분이 에탄올의 산소와 결합된 C_2H_5 부분보다 공명효과가 커서 더 안정하기 때문에 더 안정한 이온을 만들 수 있어 산도는 페놀이 에탄올보다 높다.

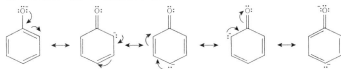

6

① 생성물인 물을 제거하면 평형이 오른쪽으로 이동하므로 에스터의 수율이 높아진다.
② 반응물인 에탄올을 과량 사용하면 평형이 오른쪽으로 이동하므로 에스터의 수율이 높아진다.
③ 수산화 소듐(NaOH)을 사용하면 아세트산에서 수소를 떼어내기 어려워져 에스터의 수율이 낮아진다.
④ 황산을 촉매로 사용하면 물에 제거되는 탈수반응인 정반응이 더욱 잘 일어난다.

7 카이랄 중심에서 R, S 배열은 칸-인골드-프렐로그 순위 규칙(CIP 체계)에 따라 치환기의 우선순위를 결정한 후, 회전 방향에 따라 정한다. 치환기의 원자 번호가 더 큰 것이 우선되고 같은 원자가 연결되어 있다면 다음에 연결된 원자의 원자 번호를 비교한다. 이렇게 우선순위를 결정하면 카이랄 중심에 배열된 4개의 치환기 중에 가장 낮은 우선순위를 지니는 치환기를 면 쪽으로 배치하고 나머지 3개의 우선순위가 오른쪽으로 회전하면서 감소하는지, 왼쪽으로 회전하면서 감소하는지를 확인하여 오른쪽인 시계방향으로 감소할 경우 R(라틴어 Rectus), 왼쪽인 반시계방향으로 감소할 경우 S(Sinister)로 결정한다.

① 우선순위는 -OH, -COOH, -CH_2OH, -CH_3이므로 -OH를 뒤쪽으로 위치시키고 나머지 2, 3, 4순위를 회전 방향을 확인하면 S 배열이다.
② 우선순위는 -Br, -Cl, -CH_2I, -CH_3이므로 -Br를 뒤쪽으로 위치시키고 나머지 2, 3, 4순위를 회전 방향을 확인하면 S 배열이다.
③ 우선순위는 -OH, -$CH(CH_3)_2$, -CH_2CH_3, -H이므로 -OH를 뒤쪽으로 위치시키고 나머지 2, 3, 4순위를 회전 방향을 확인하면 S 배열이다.
④ 우선순위는 -$CH(CH_3)_2$, -$CH_2CH_2CH_3$, -CH_2CH_3, -CH_3이므로 -$CH(CH_3)_2$를 뒤쪽으로 위치시키고 나머지 2, 3, 4순위를 회전 방향을 확인하면 R 배열이다.

정답 및 해설 5.② 6.③ 7.④

8 유지의 수소 첨가에 대한 설명으로 옳지 않은 것은?

① 수소 첨가 후에 유지의 요오드가(iodine value)는 증가한다.

② 불포화 유지에 존재하는 이중 결합을 단일 결합으로 변화시킨다.

③ 액상인 유지가 굳어지는 경화가 발생하며 이를 경화유라고 한다.

④ 백금, 니켈 등의 촉매를 사용할 수 있다.

9 자유 라디칼 중합의 종류가 아닌 것은?

① 용액 중합(solution polymerization)

② 현탁 중합(suspension polymerization)

③ 유화 중합(emulsion polymerization)

④ 리빙 중합(living polymerization)

10 전도성 고분자에 해당하지 않는 것은?

① 폴리다이아세틸렌(polydiacetylene)

② 폴리아닐린(polyaniline)

③ 폴리파라페닐렌(poly-para-phenylene)

④ 폴리이미드(polyimide)

11 고분자에 대한 설명으로 옳지 않은 것은?

① 폴리스타이렌(polystyrene)은 스타이렌(styrene)의 축합 중합을 통해 합성할 수 있다.

② 폴리비닐클로라이드(polyvinyl chloride)는 비닐클로라이드(vinyl chloride)의 자유 라디칼 중합을 통해 합성할 수 있다.

③ 나일론 6(nylon 6)은 ε-카프로락탐(ε-caprolactam)의 개환 중합에 의해 합성할 수 있다.

④ 폴리우레탄(polyurethane)은 주로 섬유, 접착제, 고무, 발포제 등의 생산에 사용된다.

12 효소에 대한 설명으로 옳지 않은 것은?

① 아미노산 간 펩타이드 결합으로 이루어진 단백질이 주성분이다.

② 특정 기질에만 결합하여 작용하는 기질 특이성이 있다.

③ 효소에 결합하여 활성을 나타내도록 하는 금속 이온을 조효소라고 한다.

④ 효소의 작용은 온도와 pH의 영향을 받는다.

---

8 ① 유지에 수소가 첨가되면 비누화값과 요오드값이 감소된다.

② 유지에 수소를 첨가하면 불포화 유지의 이중 결합이 단일 결합으로 변화된다.

③ 액상인 유지에 수소가 첨가되면 굳어지는 경우가 생기며 이는 경화유이다.

④ 유지의 수소 첨가 반응에 사용되는 촉매는 백금, 니켈이다.

9 ①②③ 자유라디칼 중합방법에는 벌크중합(괴상중합), 용액중합, 현탁중합, 유화중합이 있다.

④ 리빙중합은 음이온 중합이다.

10 ① 폴리디아세틸렌은 탄소원자가 단일결합과 이중결합이 번갈아 연결되어 있으며 고분자 사슬이 약간 산화되었을 때, 이중결합 전자들이 전기전도성을 가질 수 있다.

② 폴리아닐린은 활발하게 사용되는 전도성 고분자로 주로 전지의 양극재료로서 응용연구되고 있다.

③ 폴리파라페닐렌은 AsF_5 도핑에 의해 전도율이 매우 상승되는 전도성 고분자이다.

④ 폴리이미드는 좋은 절연 특성을 갖는 고분자이다.

11 ① 폴리스타이렌은 스타이렌의 자유 라디칼 중합으로 합성할 수 있다.

② 폴리비닐클로라이드(폴리염화비닐)은 비닐클로라이드의 자유 라디칼 중합으로 합성할 수 있다.

③ 나일론 6은 ε-카프로락탐의 개환중합 반응으로 만들어진다.

④ 폴리우레탄은 주로 섬유, 접착제, 우레탄고무, 발포제, 합성피혁, 도로 등에 사용된다.

12 ① 효소는 단백질로 이루어져 있으며 단백질은 아미노산 간 펩타이드 결합으로 이루어진다.

② 효소는 특정 기질에만 결합하여 작용하는 기질 특이성을 가진다.

③ 효소에 결합하여 활성을 나타내도록 하는 금속이온을 보조인자라 하며, 보조인자에 금속이온과 조효소가 있다.

④ 효소의 작용은 온도와 pH에 영향을 받는다.

정답 및 해설 8.① 9.④ 10.④ 11.① 12.③

13 단일 비료 중 인산 비료에서 인 함량을 나타낼 때, 그 기준으로 사용하는 것은?

① PO_3

② P_2O_3

③ P_2O_5

④ PO_4

14 분자의 크기가 작은 것부터 순서대로 바르게 나열한 것은?

① 아데닌 < 뉴클레오티드 < 유전자 < 염색체

② 유전자 < 염색체 < 뉴클레오티드 < 아데닌

③ 유전자 < 아데닌 < 뉴클레오티드 < 염색체

④ 아데닌 < 유전자 < 염색체 < 뉴클레오티드

15 석유 정제 공정에 대한 설명으로 옳은 것만을 모두 고른 것은?

> ㉠ 상압 증류를 통해 등유, 경유, 윤활유를 얻는다.
> ㉡ 나프타는 경질 가솔린의 열분해를 거쳐 제조한다.
> ㉢ 석유 화학 제품의 원료로 사용되는 n-파라핀은 등유와 경유에서 분리할 수 있다.
> ㉣ 수소화 정제는 수소화 또는 수소화 분해 반응에 의한 불순물 제거 공정을 말한다.

① ㉠, ㉡

② ㉠, ㉣

③ ㉡, ㉢

④ ㉢, ㉣

16 석유 화학 공정에 대한 설명으로 옳지 않은 것은?

① 접촉 분해(catalytic cracking)는 분자량이 큰 탄화수소를 분해하여 고옥탄가의 가솔린을 제조한다.

② 수소화탈황(hydrodesulfurization)은 분별 증류된 유분에서 황을 제거한다.

③ 접촉 개질(catalytic reforming)은 선형 탄화수소를 옥탄가가 높은 가지 달린 탄화수소나 방향족 화합물로 전환한다.

④ 메타자일렌(m-xylene)을 파라자일렌(p-xylene)으로 전환하는 것은 알킬화 공정이다.

---

13 인산 비료에서 인 함량의 기준은 P_2O_5이다.

14 염색체의 일정 부분에 유전자가 존재하고, 유전자는 DNA의 일부분에 존재한다. DNA는 염색체 내에서 폴리뉴클레오티드 이중 나선구조를 가지고 있으며 단위체인 뉴클레오티드는 인산+당+염기로 구성된다.

15 ㉠㉡ 상압증류에서 끓는점 차이로 등유, 나프타, 경유 등을 얻는다. 윤활유를 얻으려면 상압증류의 잔유를 감압증류하여야 한다.

16 ① 접촉분해법은 경유, 등유 등의 분자량이 큰 탄화수소를 여러 촉매를 이용하여 분해하여 고옥탄가의 가솔린을 제조하는 방법이다.
② 수소화탈황은 분별 증류된 유분에서 황을 제거한다.
③ 접촉개질법은 옥탄가가 낮은 선형 탄화수소를 옥탄가가 높은 가지 달린 탄화수소나 방향족 화합물로 전환시킨다.
④ 알킬화 공정은 옥탄가가 낮은 탄화수소를 이소파라핀처럼 가지 달린 탄화수소를 만들어 옥탄가를 높이는 방법이다. 메타자일렌을 파라자일렌으로 전환시키는 것은 이성화 반응이다.

정답 및 해설 13.③ 14.① 15.④ 16.④

17 목재의 조성에 대한 설명으로 옳지 않은 것은?

① 가장 많은 성분은 셀룰로오스이다.
② 셀룰로오스의 주요 성분은 글루코오스이다.
③ 헤미셀룰로오스는 세포벽에 존재하는 단당류이다.
④ 리그닌은 목재의 섬유와 세포를 강하게 결합시켜 준다.

18 소금을 원료로 한 탄산소다의 공업적 제법으로 옳지 않은 것은?

① Haber법
② Leblanc법
③ Solvay법
④ 염안소다법

19 염기성 비료에 해당하는 것으로만 묶은 것은?

① 염안, 염화 포타슘(KCl)
② 요소, 과린산석회
③ 석회질소, 용성인비
④ 황안, 중과린산석회

20 다음은 반도체 사진공정(photolithography)의 단위 공정들이다. 순서대로 바르게 나열한 것은?

ㄱ 감광제 도포(spin coating)
ㄴ 현상(developing)
ㄷ 노광(exposure)
ㄹ 저온 열처리(soft baking)

---

① ㄱ → ㄷ → ㄴ → ㄹ

② ㄱ → ㄹ → ㄷ → ㄴ

③ ㄹ → ㄱ → ㄷ → ㄴ

④ ㄹ → ㄷ → ㄴ → ㄱ

17 ① 목재의 주요성분은 셀룰로오스(섬유소)로 건조중량의 약 60%이며 나머지 리그닌이 20~30%, 헤미셀룰로오스 10~20% 가량이며 부성분으로 수지(resin), 정유(oil), 탄닌 등의 추출물과 무기물 등이다.
② 셀룰로오스의 주성분은 글루코스이다.
③ 헤미셀룰로오스는 식물세포벽에 존재하는 축합되어 있는 단당류 분자수가 적은 다당류이다.
④ 리그닌은 목재의 섬유와 세포를 강하게 결합시키는 접착제 역할을 한다.

18 ① Haber법은 질소와 수소를 반응시켜 암모니아를 얻는 방법이다.
② Leblanc법은 소금으로 탄산소다를 얻는 방법으로 중간생성물로 황산나트륨이 생성된다.
③ Solvay법은 암모니아소다법으로 소금물에 암모니아와 이산화탄소를 반응시켜 탄산소다를 얻는다.
④ 염안소다법은 소금을 액체 상태의 암모니아에 용해시켜 탄산나트륨을 얻는 방법이다.

19 수용액의 액성에 따라 산성, 중성, 염기성 비료로 나눌 수 있다. 산성비료는 과린산석회, 염안, 황안, 염화칼륨(염화포타슘) 등이며 중성비료는 요소, 질산칼륨, 질안 등이다. 또한, 염기성비료는 석회질소, 용성인비, 석회 등이다.

20 반도체 사진공정에서 주어진 단위 공정 순서는 감광제 도포(ㄱ) → 저온 열처리(ㄹ) → 노광(ㄷ) → 현상(ㄴ)이다.

정답 및 해설 17.③ 18.① 19.③ 20.②

1　나일론의 화학식이 옳게 표현된 것만을 모두 고른 것은?

㉠ 나일론 6		$[NH(CH_2)_4CO]_n$
㉡ 나일론 6,6		$[NH(CH_2)_6NHCO(CH_2)_4CO]_n$
㉢ 나일론 6,10		$[NH(CH_2)_6NHCO(CH_2)_{10}CO]_n$

① ㉡　　　　　　　　　　　　　　　　② ㉢

③ ㉠, ㉡　　　　　　　　　　　　　　④ ㉠, ㉢

2　식물성 오일의 경화(hardening)에 대한 설명으로 옳은 것은?

① 식물성 오일의 이중결합을 수소화하여 고체 식물성 지방으로 변환하는 과정이다.

② 식물성 오일을 알칼리와 함께 가열하여 글리세롤과 지방산의 염으로 변환하는 과정이다.

③ 식물성 오일을 수소화하여 비누를 얻는 과정이다.

④ 식물성 오일을 가수소분해하여 글리세롤을 얻는 과정이다.

3　IUPAC 명명법에 따른 다음 화합물의 이름은?

$$CH_3CHCH_2CH_2CH_3$$
$$|$$
$$CH_2CH_3$$

① 2-에틸펜테인(2-ethylpentane)

② 3-메틸헥세인(3-methylhexane)

③ 4-에틸펜테인(4-ethylpentane)

④ 4-메틸헥세인(4-methylhexane)

4 톨루엔을 산화시켜 만들 수 있고, 큐멘법으로 제조할 수 있으며, 아닐린을 합성할 때 원료로 사용되는 화합물은?

① 페놀(phenol)

② 아세톤(acetone)

③ 아크릴산(acrylic acid)

④ 무수프탈산(phthalic anhydride)

---

1 나일론은 반복단위에 있는 탄소 원자의 수로 명명한다. 주어진 각 나일론의 반복 단위는 다음과 같다.
  ㉠ 나일론 6 – $[NH(CH_2)_5CO]_n$
  ㉡ 나일론 6,6 – $[NH(CH_2)_6NHCO(CH_2)_4CO]_n$
  ㉢ 나일론 6,10 – $[NH(CH_2)_6NHCO(CH_2)_8CO]_n$

2 불포화인 유지에 수소가 첨가되는 것이 '경화'이다.
  ① 식물성 불포화 유지를 경화하면 녹는점이 높아지므로 고체 상태가 된다.
  ② 유지를 알칼리와 함께 가열하여 글리세롤과 지방산으로 만드는 것은 가수분해이다.
  ③ 유지와 가성소다의 비누와 반응으로 제조된 것이 비누이다.(RCOONa)
  ④ 유지를 가수분해하면 지방산과 글리세롤을 얻는다.

3 $\left(\begin{array}{l} CH_3CHCH_2CH_2CH_3 \\ \quad\; | \\ \quad CH_2CH_3 \end{array}\right)$에서 가장 긴 사슬이 $\left(\begin{array}{l} CHCH_2CH_2CH_3 \\ | \\ CH_2CH_3 \end{array}\right)$이므로 탄소수가 6개인 헥세인이며 이 긴 사슬에 붙은 치환기

가 메틸기($-CH_3$)이다. 긴 사슬에서 치환기와 결합한 탄소가 낮은 번호가 되도록 번호를 붙이면 $\left(\begin{array}{l} \qquad\qquad 3\;\;4\;\;5\;\;6 \\ [CH_3 -]CHCH_2CH_2CH_3 \\ \qquad\quad | \\ \qquad\;\; CH_2CH_3 \\ \qquad\;\; 2\;\;\;1 \end{array}\right)$.

따라서 화합물은 3-메틸헥세인이다.

4 • 톨루엔을 산화시켜 페놀을 얻을 수 있다.
  • 큐멘법으로 큐멘(이소프로필벤젠)을 공기 중의 산소와 반응시킨 후, 산처리하여 페놀과 아세톤을 얻을 수 있다.
  • 아닐린을 합성할 때 페놀에 암모니아를 첨가하여 분해반응시킨다.

정답 및 해설   1.①   2.①   3.②   4.①

5 가장 안정한 탄소양이온(carbocation)은?

①

②

③

④

6 60°F에서 물에 대한 석유의 밀도비가 0.5일 때 석유의 API도는?

① 141.0

② 141.5

③ 151.0

④ 151.5

7 하이드로폼일화(hydroformylation) 반응에 대한 설명으로 옳은 것은?

① 알켄(alkene)에 H_2O와 CO를 반응시킨다.

② 반응을 통해 만들어지는 주생성물은 케톤이다.

③ 반응물의 탄소 간 이중결합이 반응 후에 단일결합으로 바뀐다.

④ 알켄 반응물과 주생성물에 존재하는 탄소 수는 같다.

8 생분해성 고분자가 아닌 것은?

① 폴리락트산(poly(lactic acid))

② 폴리글라이콜산(poly(glycolic acid))

③ 폴리테트라플루오로에틸렌(polytetrafluoroethylene)

④ 폴리하이드록시뷰티레이트(polyhydroxybutyrate)

9 염소−알칼리 공정에 대한 설명으로 옳지 않은 것은?

① 진한 소금물을 전기 분해하는 공정이다.

② 공정이 마무리되면 수용액은 염기성이 된다.

③ 수소(H_2) 기체와 염소(Cl_2) 기체가 발생한다.

④ 산화 전극에서는 수소(H_2) 기체가 발생한다.

---

5 탄소의 차수가 큰 쪽이 탄소가 더 안정하고, 차수가 같은 경우 공명구조인 것이 더 안정하다.

6 $API(American\ Petroleum\ Institute) = \dfrac{141.5}{비중(석유\ 60°F/물\ 60°F)} - 131.5$에서 $\dfrac{141.5}{0.5} - 131.5 = 151.5$이다.

7 하이드로폼일화 반응(옥소 반응)은 높은 압력과 코발트 촉매 조건하에서 알켄을 일산화탄소와 수소로 반응시켜 −CHO가 첨가시키는 반응으로 알데히드가 생성된다.

① 알켄에 CO_2와 H_2를 반응시킨다.

② 반응을 통해 만들어지는 주생성물은 알데히드이다.

④ 알켄 반응물의 이중결합에 −CHO가 첨가되므로 주생성물이 되면 탄소수가 증가한다.

8 ① 폴리락트산은 녹말에서 생성된 포도당을 발효시켜 젖산을 응축 고분자화한 생분해성 고분자이다.

② 글라이콜산을 구성단위로 한 생분해성 의료용 고분자로 분해되는 데 수 주밖에 걸리지 않는다.

③ 폴리테트라플루오로에틸렌은 합성 고분자로 화학적 불활성을 가지므로 생분해성을 가지지 않는다.

④ 폴리하이드록시뷰티레이트는 탄수화물 원료를 생물학적으로 발효시켜 만든 생분해성 고분자이다.

9 ① 염소−알칼리 공정은 소금물의 전기분해로부터 염소와 가성소다를 얻는 공정이다.

②③④ 전극반응은 다음과 같으며 공정이 마무리되면 수산화 이온이 발생하기 때문에 수용액은 염기성이 된다.

> (+)극[환원전극] : $2Cl^- \rightarrow Cl_2 + 2e^-$
>
> (−)극[산화전극] : $2H_2O + 2e^- \rightarrow H_2 + 2OH^-$

정답 및 해설 5.② 6.④ 7.③ 8.③ 9.④

10 금속 결정에 대한 설명으로 옳지 않은 것은?

① 금속 결정은 전자 바다 모델(electron-sea model)로 설명 가능하다.

② 모든 금속 결정은 이온 화합물이다.

③ 금속 결정은 배위수가 8인 구조도 존재한다.

④ 금속 결정은 전기와 열에 높은 전도도를 가진다.

11 어떤 반결정성(semi-crystalline) 고분자 시료를 시차주사열량법(DSC)으로 분석하여 다음과 같은 결과를 얻었을 때, 유리전이(glass transition) 현상이 나타나는 위치는?

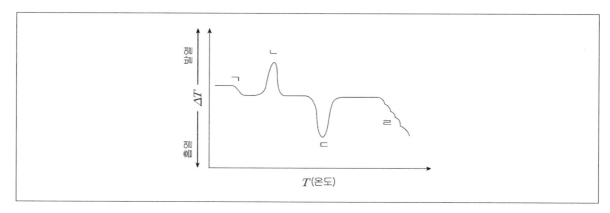

① ㄱ

② ㄴ

③ ㄷ

④ ㄹ

12 고옥탄가 가솔린의 생산을 늘리기 위한 석유의 전화(conversion) 과정 중, 촉매를 이용하여 *n*-파라핀을 탄소 수가 같은 *iso*-파라핀으로 변환하는 과정은?

① 분해(cracking)

② 에스테르화(esterification)

③ 알킬화(alkylation)

④ 이성질화(isomerization)

10 ① 금속결정은 금속 양이온들 사이의 자유전자들로 표현되는 전자 바다 모델로 설명이 가능하다.
   ② 금속결정은 금속결합으로 이루어진 홑원소물질(원소)이다.
   ③ 금속결정은 단순입방구조, 체심입방구조, 면심입방구조 등으로 존재하며 이들의 배위수는 순서대로 6, 8, 12이다. (육방밀
      집구조인 Mg, Zn, Cd 등도 존재)
   ④ 금속결정은 자유전자가 자유롭게 이동할 수 있으므로 전기전도성과 열전도성이 높다.

11 각 포인트는 다음과 같다.

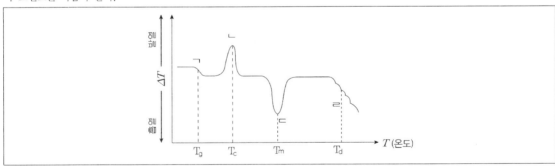

   ㉠ T_g : 유리전이온도
   ㉡ T_c : 결정화온도
   ㉢ T_m : 녹는점
   ㉣ T_d : 분해(산화)온도

12 ① 분해는 분자량이 큰 탄화수소를 분자량이 작은 탄화수소로 분해하는 것이다.
   ② 에스테르화는 산과 알코올이 축합반응하여 에스테르기(-COO-)를 도입하는 것이다.
   ③ 알킬화는 분해가스에서 생성되는 저급 올레핀류에 의해 황산 또는 플루오르산 촉매를 사용하여 '알킬레이트'라는 옥탄값
      높은 가솔린을 만드는 것이다.
   ④ 이성질화는 촉매를 사용하여 탄소 수가 같은 iso-이성질체를 만드는 것이다.

정답 및 해설   10.②   11.①   12.④

13 어떤 고분자 A의 분자량에 대한 설명으로 옳지 않은 것은?

① 분자량은 중합도에 비례한다.
② 무게평균분자량은 수평균분자량보다 작다.
③ 무게평균분자량을 수평균분자량으로 나눈 값이 다분산지수(PDI)이다.
④ 완전히 단분산인 경우 다분산지수는 1이다.

14 효소를 불용성 담체에 고정하여 사용하는 이유로 옳지 않은 것은?

① 효소의 운동성을 높일 수 있다.
② 효소를 재사용할 수 있다.
③ 효소의 안정성이 증대되어 최적온도 상승 효과를 낼 수 있다.
④ 반응 후 효소의 회수나 효소 반응 생성물의 정제 과정을 없앨 수 있다.

15 플루오르 화합물 제조에 사용되지 않는 원료물질은?

① 형석
② 인광석
③ 규석
④ 빙정석

16 금속 이온과 배위 결합을 이룰 수 없는 리간드(ligand)는?

① H_2O
② CN^-
③ NH_4^+
④ $H_2C = CH_2$

13 ① 고분자의 중합도는 단량체가 중합된 정도이므로 중합도는 $\dfrac{\text{중합체의 분자량}}{\text{단량체의 분자량}}$이다.

② 수평균분자량($\overline{M_n}$)과 무게평균분자량($\overline{M_w}$)은 다음과 같다.

$$\overline{M_n} = \frac{\sum M_i N_i}{\sum N_i}, \quad \overline{M_w} = \frac{\sum M_i^2 N_i}{\sum M_i N_i}$$

(M_i: 각 i종의 분자량, N_i: 각 i종의 몰수)

따라서 '수평균분자량($\overline{M_n}$) < 무게평균분자량($\overline{M_w}$)'이다.

③ 다분산지수(PDI)는 무게평균분자량($\overline{M_w}$)을 수평균분자량($\overline{M_n}$)으로 나눈 값으로 1 이상이다.(1에 가까우면 분자량 분포가 좁고 2 이상이면 분자량 분포가 넓음)

④ 완전히 단분산인 경우, 분자량이 1가지이므로 다분산지수가 1이다.

14 ②③④ 효소를 불용성 담체에 고정하여 사용하면 반응 후, 회수와 재사용이 용이하며, 효소의 안정성이 증대된다.

15 ①②④ 플루오르는 형석(CaF_2), 빙정석(Na_3AlF_3), 플루오린화인회석($Ca_5(PO_4)_3F$: 인회석을 다량으로 포함하는 것이 인광석임)으로부터 얻는다.

③ 규석(SiO_4)은 플루오르를 포함하지 않는다.

16 리간드를 이루려면 비공유 전자쌍 혹은 다중결합이 있어야 한다.

①
H : O :
    H

② [C ∷ N]⁻

③ $\begin{bmatrix} \text{H} \\ \text{H} : \text{N} : \text{H} \\ \text{H} \end{bmatrix}^{+}$

④ H   H
    \ /
    C = C
    / \
   H   H

정답 및 해설 13.② 14.① 15.③ 16.③

17 팔면체 착화합물 중, 시스(*cis*) 이성질체의 구조식은? (단, M은 임의의 금속이고, a와 b는 서로 다른 한 자리 리간드이다)

①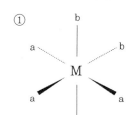

②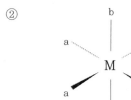

③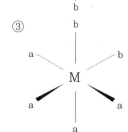

④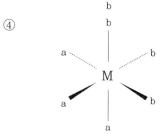

18 2개의 카복실기를 가지는 아미노산은?

① 글라이신(Gly)

② 알라닌(Ala)

③ 발린(Val)

④ 글루탐산(Glu)

19 친전자성 방향족 치환 반응(electrophilic aromatic substitution reaction)에서, 메타(meta) 위치를 지향하는 작용기는?

① $-OH$

② $-NHCOCH_3$

③ $-Cl$

④ $-COOCH_3$

17 팔면체형에서 분자기하는 6개의 배위자가 중심원자의 주위에 대칭적으로 배치되어 정팔면체의 각 모서리에 위치한다. 이때, 2종 이상의 배위자 종류가 팔면체의 중심금속에 배위하는 위치에 따라 이성질체가 생긴다.

만약 Ma_4b_2라면 b가 서로 인접하고 있을 때가 cis, b가 일직선상에 있을 때가 trans이다. 또한, Ma_3b_3라면 같은 세 배위자가 서로 cis인 facial(fac)과, 같은 세 배위자가 동일평면상에 있는 meridional(mer)까지 2종의 이성질체가 추가로 존재할 수 있다.

① b가 동일평면상에 있는 mer이다.
② b가 모두 일직선상에 있는 trans이다.
③ b가 서로 인접하고 있는 cis이다.
④ b가 모두 인접하고 있는 fac이다.

18

① 글라이신 : $H_2N-CH-C(=O)-OH$, $|$ H

② 알라닌 : $H_2N-CH-C(=O)-OH$, $|$ CH_3

③ 발린 : $H_2N-CH-C(=O)-OH$, $|$ $CH-CH_3$, $|$ CH_3

④ 글루탐산 : $H_2N-CH-C(=O)-OH$, $|$ CH_2, $|$ CH_2, $|$ $C=O$, $|$ OH

19 친전자성 방향족 치환반응에서 메타위치(하나 건너인 탄소쪽)에 배향성을 가지고 반응이 일어나는 작용기는 $-NO_2$, $-CF_3$, $-C\equiv N$, $-SO_3H$, $-CO_2H$, $-CO_2R$, $-CHO$, $-COR$, $-CCl_3$ 등이다.

이에 해당하는 치환기는 ④ $-COOCH_3$이다.

정답 및 해설 17.③ 18.④ 19.④

20 다음은 물질 M의 자기 이력 고리(magnetic hysteresis loop)이다. 이에 대한 설명으로 옳지 않은 것은?

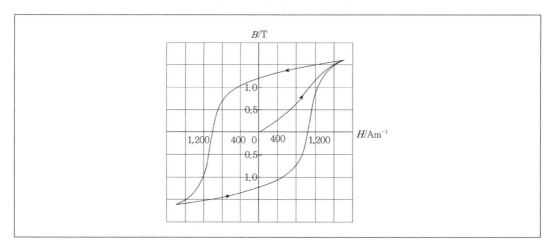

① B는 자속 밀도를 나타낸다.

② H는 외부 자기장의 세기를 의미한다.

③ M은 반자성(diamagnetic) 물질이다.

④ 영구 자석으로의 사용 가능 여부를 판단할 수 있다.

20 ① B는 자속밀도이다.

② H는 외부자기장의 세기이다.

③ 자기이력곡선은 강자성체에서의 자기적 성질을 나타내는 곡선으로 M은 반자성 물질이 아니다.

④ 영구자석은 자기이력 곡선에서 전류자속밀도가 적당하고 보자력(역자계시 자속밀도세기가 0이 되는 지점)이 크다.

정답 및 해설 20.③

1 다음 에너지 도표에 해당하는 반응에 촉매를 가하여 반응 속도가 빨라졌을 때, A ~ D 중에서 가장 큰 영향을 받는 부분은?

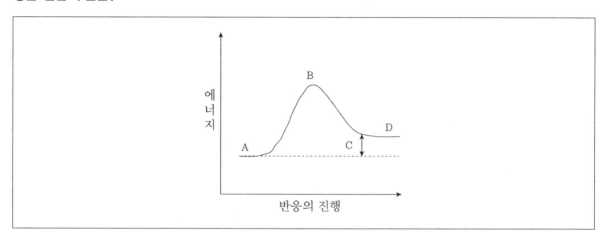

① A

② B

③ C

④ D

2 효소 반응에서 속도 상수와 온도와의 관계를 나타내는 식은?

① 이상 기체식

② Beer—Lambert 식

③ Arrhenius 식

④ van der Waals 식

3 이온 결합 화합물은?

① HCl

② NaCl

③ BF$_3$

④ NH$_3$

4 비료의 3요소가 아닌 것은?

① 질소(N)

② 인(P)

③ 마그네슘(Mg)

④ 칼륨(K)

---

1 A는 반응물의 에너지, B는 활성화물의 에너지, D는 생성물의 에너지이며, 반응물과 생성물의 에너지 차이인 C는 반응열이다. 촉매를 사용하여 반응속도가 빨라지면 활성화에너지가 작아지므로 활성화물의 에너지인 B가 낮아진다.

2 ① 이상기체식 PV=nRT는 크기가 없고 입자 간 상호작용이 없는 이상기체의 상태방정식이다.

② Beer-Lambert 법칙은 빛의 흡광도가 화학종의 농도에 비례한다는 법칙으로 $A = \epsilon bc$이다.

③ Arrhenius 식에 의한 반응속도상수는 $k = Ae^{-E_a/RT}$이다.

④ van der Walls 식은 0이 크기가 있고 입자 서로의 상호작용이 있는 유체의 상태방정식으로

$$\left(P + a\frac{n^2}{V^2}\right)(V - nb) = nRT$$이다.

3 이온결합화합물은 금속과 비금속이 결합한 NaCl이다. (비금속끼리 결합한 화합물은 공유결합화합물)

4 비료의 3요소는 질소, 인, 칼륨이다.

정답 및 해설 1.② 2.③ 3.② 4.③

5 전기 화학 반응에 대한 설명으로 옳은 것만을 모두 고르면?

> ㉠ 반응 속도는 전류에 비례한다.
> ㉡ 전극 전위는 전극 내 전자의 에너지를 의미한다.
> ㉢ 전류와 전극 전위를 동시에 조절할 수 없다.
> ㉣ 전기 화학 반응은 전극의 표면 근처에서만 가능하다.

① ㉠, ㉡
② ㉡, ㉢
③ ㉠, ㉢, ㉣
④ ㉠, ㉡, ㉢, ㉣

6 석유의 전화(conversion) 과정에서 리포밍(reforming)에 대한 설명으로 옳지 않은 것은?

① 촉매를 이용하여 리포밍하는 것을 접촉 개질이라 한다.
② 나프텐계 탄화수소를 방향족 탄화수소로 변환시키는 기술이다.
③ 옥탄가를 높이는 석유 전화 기술이다.
④ 중질유의 분해에 의해 가솔린을 만드는 기술이다.

7 다음 반응의 주생성물은?

①   ②

③   ④

8 결정화가 가장 어려운 폴리올레핀(polyolefin) 구조는?

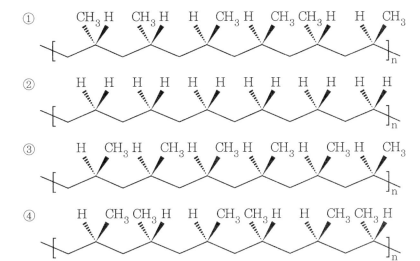

---

5 ⊙ 전류는 단위 시간 동안에 흐른 전하의 양으로 전류는 반응속도에 비례한다.
  ⓒ 전극전위는 전극 내 전자의 에너지를 의미한다.
  ⓒ 전류와 전위를 동시에 조절할 수 없다.(전류와 전위가 비례)
  ⓔ 전기화학반응은 전극표면에서만 일어난다.

6 ① 리포밍에서 촉매를 이용하여 반응시키는 것은 접촉개질이고 촉매를 사용하지 않는 것을 열처리, 가압을 이용하는 것을 열
    개질이라 한다.
  ②③ 리포밍은 옥탄가가 낮은 가솔린을 옥탄가가 높은 가솔린으로 변화시키거나 나프텐계 탄화수소를 방향족 탄화수소로 변
    화시키는 방법이다.
  ④ 중질유의 분해에 의해 가솔린을 만드는 기술은 열분해이다.

7 Markovnikov 첨가반응에서 HX가 알켄에 첨가될 때, 수소는 이중결합 탄소 중 수소원자가 더 많은 탄소에 첨가된다. 따라
  서 반응은 다음과 같다.

  $$\text{C} = \text{C}\overset{\text{H}}{\underset{\text{H}}{<}} + \text{HBr} \longrightarrow \underset{\text{Br}}{\text{C}} = \text{C} - \overset{\text{H}}{\underset{\text{H}}{\text{H}}}$$

8 아이소탁틱 구조는 비대칭 탄소가 모두 동일한 배열로 중합될 때를 말하고 신디오탁틱 구조는 비대칭 탄소가 교대로 건너서
  동일할 때, 아탁틱 구조는 배열이 불규칙할 때를 말하며 이때는 결정화가 어렵다.

정답 및 해설 5.④ 6.④ 7.③ 8.①

9 다음 반응이 S_N1 반응 또는 E1 반응으로 진행될 때, (가)와 (나)의 주생성물은?

$$\text{(가)} \xleftarrow{\ S_N1\ } \quad CH_3CH_2OH + (CH_3)_3CBr \quad \xrightarrow{\ E1\ } \text{(나)}$$

	(가)	(나)
①	$CH_3CH_2C(CH_3)_3$	$H_2C = CH_2$
②	$CH_3CH_2C(CH_3)_3$	$H_2C = C(CH_3)_2$
③	$CH_3CH_2OC(CH_3)_3$	$H_2C = CH_2$
④	$CH_3CH_2OC(CH_3)_3$	$H_2C = C(CH_3)_2$

10 에틸렌(ethylene)으로부터 아세트알데하이드(acetaldehyde)를 합성하는 Wacker 공정을 수행하기 위하여 필요한 화합물이 아닌 것은?

① 염화 팔라듐($PdCl_2$)

② 염화 납($PbCl_2$)

③ 염화 구리($CuCl_2$)

④ 염산(HCl)

11 유지(fatty oil)의 최소 단위는?

① 아크릴로나이트릴(acrylonitrile)

② 뷰틸알데하이드(butylaldehyde)

③ 클로로프렌(chloroprene)

④ 트리글리세라이드(triglyceride)

12 다음 화학종 중에서 친전자체(electrophile)에 해당하는 것만을 모두 고르면?

㉠ NO_2^+	㉡ CN^-
㉢ CH_3NH_2	㉣ $(CH_3)_3S^+$

① ㉠, ㉡

② ㉠, ㉣

③ ㉡, ㉢

④ ㉢, ㉣

---

9 S_N1은 치환반응으로 브로민이 탄소에 결합되었던 전자를 가지고 나와 카르보 양이온[$(CH_3)C^+$]과 브로민 음이온이 된 후, CH_3CH_2OH의 O 부분과 카르보 양이온이 결합한다.

$$CH_3CH_2OH + (CH_3)C - Br \rightarrow CH_3CH_2 - O - C(CH_3) + HBr$$

E_1은 제거반응으로 브로민이 탄소에 결합되었던 전자를 가지고 나와 카르보 양이온[$(CH_3)C^+$]과 브로민 음이온이 된 후, 카르보 양이온의 베타수소(Br이 붙어있는 탄소가 알파수소)가 제거된다.

$$(CH_3)C - Br \rightarrow \quad CH_3 \quad + HB$$
$$\qquad \qquad \qquad | $$
$$\qquad CH_3 - C = CH_2$$

10 Wacker 공정은 에틸렌을 액상화시켜 아세트알데히드를 만드는 방법이다.

$$H_2C = CH_2 + PdCl_2 + H_2O \rightarrow CH_3CHO + Pd + 2HCl$$

이때의 Pd는 $CuCl_2$와 반응하여 $PdCl_2$가 되고 이것은 반응에 재사용된다.

$$Pd + 2CuCl_2 \rightarrow PdCl_2 + 2CuCl$$

CuCl도 반응하여 회수되고 다시 반응에 재사용된다.

$$4CuCl + 4HCl + O_2 \rightarrow 4CuCl_2 + 2H_2O$$

11 유지의 최소단위는 세 분자의 지방산과 글리세롤의 에스테르인 트리글리세롤(트리글리세라이드)이다.

12 친전자체는 전자를 좋아하는 전자가 부족한 것으로 주로 (+)전하를 띤다.

13 효모의 반응에 의해 바이오에탄올을 생산할 때 가장 적합한 기질은?

① 글루코스(glucose)

② 아세트산(acetic acid)

③ 퍼퓨랄(furfural)

④ 페놀(phenol)

14 단백질의 이차 구조(secondary structure)를 결정하는 데 가장 중요한 결합력은?

① 공유 결합(covalent bond)

② 수소 결합(hydrogen bond)

③ 이온 결합(ionic bond)

④ 분산력(dispersion force)

15 다음 식의 중합 방법은?

$$n\ H_2N-R-\overset{\displaystyle O}{\overset{\|}{C}}-OH \xrightarrow{\ -(n-1)H_2O\ } H\left[N-R-\overset{\displaystyle O}{\overset{\|}{C}}\right]_n OH$$

① 축합 중합(condensation polymerization)

② 부가 중합(addition polymerization)

③ 이온 중합(ionic polymerization)

④ 배위 중합(coordination polymerization)

16 결정성 고분자에 대한 설명으로 옳지 않은 것은?

① 용융 온도 이상에서 고분자는 결정성을 보인다.

② HDPE(high density polyethylene)는 결정성 고분자이다.

③ 일반적으로 결정화도가 증가하면 불투명해진다.

④ 결정화도는 고분자의 물리적 물성에 영향을 준다.

17 전자 재료로 많이 사용되는 희토류(rare earth)는?

① 할로젠족(halogen)

② 알칼리 토금속(alkaline earth metal)

③ 란타넘족(lanthanide)

④ 알칼리 금속(alkaline metal)

---

13 에탄올(C_2H_5OH)을 생산하기 위해서는 당을 효모에 의해서 발효시키는 과정이 필요하다.

$$C_6H_{12}O_6 \rightarrow 2C_2H_5OH + 2CO_2$$

14 단백질은 아미노산의 펩타이드 결합으로 이루어진 폴리펩타이드가 각 아미노산의 작용기에 따른 수소 결합으로 인해 3차구조, 4차구조까지 가지게 되면서 각 고유한 기능을 가진다.

15 ① 고분자의 중합반응에서 작은 분자인 물이 빠져나오면서 결합되므로 축합중합이다.
② 부가중합은 고분자 중합반응에서 단량체가 가진 불포화결합이 열리면서 첨가반응을 하는 반응을 말한다.
③ 단량체를 이온화하여 이를 연결고리로 중합하는 것이다.
④ 위 분자가 촉매와 배위 결합을 하면서 진행되는 중합반응이다.

16 ① 용융온도 이상에서는 고분자는 용융되어 결정성이 없다.
② HDPE는 규칙적인 구조를 가지므로 결정성 고분자이다.
③ 결정화도가 증가하면 불투명해진다.
④ 결정화도는 유리전이온도와 관련이 있으므로 고분자의 물리적 성질과 관련이 있다.

17 희토류는 희귀한 흙(Rare earth) 원소 17종류를 총칭하는 말로 원자번호 57번부터 71번까지의 란타넘(란탄)계 원소 15개, 21번인 스칸듐(Sc), 39번인 이트륨(Y)이 있다.

<관련 및 해설> 13.① 14.② 15.① 16.① 17.③

18 연료 전지와 전해질의 연결이 옳지 않은 것은?

① 알카라인 연료 전지(AFC) − $KHCO_3$

② 인산염 연료 전지(PAFC) − H_3PO_4

③ 고체 전해질 연료 전지(SOFC) − Y_2O_3 / ZrO_2

④ 용융탄산염 연료 전지(MCFC) − Li_2CO_3 / K_2CO_3

19 세탄가(cetane number)가 0인 기준 화합물의 구조는?

① CH_3

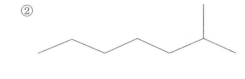

③

④

20 흡착제, 촉매 및 세제 원료로 널리 사용되는 제올라이트(zeolite)인 ZSM−5에 포함되지 않는 원소는?

① 산소(O)

② 알루미늄(Al)

③ 규소(Si)

④ 황(S)

18 알카라인 연료전지의 전해질은 KOH이다.

19 세탄가는 'n-세탄($C_{16}H_{34}$, 헥사데칸)'을 100으로 'α-메틸나프탈렌($CH_3C_{10}H_7$)'을 0으로 하여 착화성을 나타내는 수치이다.
(수치가 높을수록 착화점이 안정되고 노킹 억제 및 연료절감을 도와줌)

20 제올라이트의 구조단위는 SiO_4^{4-}, AlO_4^{5-} 사면체이고 이들 사면체가 산소원자를 공유하면서 연결되어 있다.

정답 및 해설 18.① 19.① 20.④

1 VSEPR 모형을 바탕으로 예측된 ClF_3의 구조는?

① 삼각뿔   ② 삼각 쌍뿔

③ T-형   ④ 사면체

2 세제 화합물의 하나인 알킬 폴리글루코사이드(APG)에 대한 설명으로 가장 옳지 않은 것은?

〈보기〉

① 양쪽성 계면활성제이다.

② 아세탈그룹을 함유하고 있다.

③ 당이 포함되어 있다.

④ 생분해성이다.

3 포름알데히드(HCHO)의 공업적 형태에 해당하지 않는 것은?

① 메타크릴산메틸

② 옥시메틸렌글리콜의 올리고머 혼합물

③ 트리옥산(환상 3량체)

④ 파라포름알데히드

1 ClF_3에서 중심원자는 염소(Cl)이고 염소의 전자쌍은 5개(단일결합 3개+비공유 전자쌍 2개)이다.

$$\ddot{:}\underset{\displaystyle :\ddot{F}-\underset{\displaystyle \ddot{\cdot}}{Cl}-\ddot{F}:}{\ddot{F}:}$$

중심원자 주위에 5개의 전자쌍이 분포하므로 분자의 기본 기하 구조는 삼각쌍뿔이다.

이때 중심원자 주위의 5개의 전자쌍이 모두 같은 상태가 아니라 단일결합의 공유 전자쌍 3개, 비공유 전자쌍 2개가 존재하므로 전자쌍 반발원리에서 반발력은 비공유−비공유>비공유−공유>공유−공유라는 사실을 고려해야 한다. 이를 적용하여 ClF_3에서 중심원자 주위의 전자쌍을 배치하면 ClF_3의 구조는 T−형이다.

2 ① 비이온성 계면활성제이다.
② 아세탈은 중심 탄소 원자가 −OR′ 그룹, −OR″ 그룹, −R 그룹 및 수소(H) 원자의 결합을 갖는 작용기[−R은 수소(H)일 수 있음]이다.

$$R-\underset{\displaystyle OR''}{\overset{\displaystyle H}{C}}-OR'$$

알킬 폴리글루코사이드는 *표시된 탄소를 중심으로 아세탈 그룹을 가진다.

HO $\overset{\displaystyle CH_2OH}{\underset{\displaystyle HO}{\underset{\displaystyle O-[CH_2]_n CH_3}{}}}$ H

n=9~13

③④ 식물 유래 천연 지방알코올과 포도당으로 만들어진 당이 포함되어 있으며 생분해성 친환경 계면활성제이다.

3 ① 메타크릴산메틸은 아세톤, 시안산, 메탄올을 원료로 만든다. 이것의 중합체는 아크릴이라고도 한다.
② 포름알데히드 또는 포름알데히드의 환상 올리고머를 중합하여 옥시메틸렌글리콜의 올리고머를 만들 수 있다.
③ 포름알데히드의 환상 3량체는 트리옥산이다.
④ 파라포름알데히드는 가장 작은 폴리옥시메틸렌이고 합도가 8~100인 포름알데히드의 중합물이다.

정답 및 해설 1.③ 2.① 3.①

4 복합비료 중 화성비료를 제조하고자 할 때, 적합하지 않은 비료성분의 혼합은?

① $Ca(H_2PO_4)_2 \cdot H_2O + (NH_4)_2SO_4$

② $(NH_4)_2SO_4 + Ca(OH)_2$

③ $(NH_4)_2SO_4 + 2KCl$

④ $CaSO_4 + K_2SO_4 + H_2O$

5 비고유 반도체로 가장 옳지 않은 것은?

① Ge에 As를 혼입   ② Si에 Ge를 혼입

③ Ge에 In를 혼입   ④ InSb에 B를 혼입

6 폴리염화비닐(PVC)의 중합도가 100일 때, PVC의 개수−평균분자량($\overline{M_n}$)은? (단, C, H, Cl의 원자량은 각각 12, 1, 35.5이다.)

① 5,050g/mol   ② 6,250g/mol

③ 8,050g/mol   ④ 9,070g/mol

7 면심입방구조(FCC)와 체심입방구조(BCC)의 단위 격자 내 원자의 개수(N)는?

	N_{FCC}	N_{BCC}
①	2	2
②	2	4
③	4	2
④	4	4

8 비가역 2차반응, $A \xrightarrow{k} B$, $-r_A = kC_A^2$ 에 대하여 $kC_{A0} = 10^{-2}/s$ 이다. 변환율이 90%에 도달하는 데 걸리는 시간(min)은? (단, C_{A0} 는 A의 초기농도이고, k는 반응속도상수이다.)

① 5

② 10

③ 15

④ 20

---

4 복합비료 중 화성비료는 비료성분을 화학반응으로 결합시킨 것으로 배합된 상태로 성분이 유지되어야 하는데 ②번의 경우, $CaSO_4$, H_2O, NH_3가 생성되며 석고가 형성되어 비료로 사용될 수 없다.

5 비고유 반도체라 하였으므로 순수 반도체를 만드는 14족끼리 섞은 (Si+Ge)는 적당하지 않다.

6 폴리염화비닐의 단위체는 폴리염화비닐이며, 구조는 다음과 같다.

```
H     Cl
 \   /
  C = C
 /   \
H     H
```

이 단량체의 분자량은 62.5g/mol이며 이들을 중합한 폴리염화비닐의 중합도가 100이면 개수-평균분자량($\overline{M_n}$)은 6,250(=62.5×100)g/mol이다.

7 면심입방구조와 체심입방구조는 다음과 같다.

면심입방구조 :   체심입방구조 :

따라서 단위 격자 내 원자의 개수(N)는 면심입방구조가 $4(=\frac{1}{2}\times6+\frac{1}{8}\times8)$이고 체심입방구조가 $2(=1+\frac{1}{8}\times8)$이다.

8 A에 대한 2차 반응이므로 반응속도식 $-r_A = kC_A^2$ 에서 $-\dfrac{dC_A}{dt} = kC_A$ 이며 이를 A_0, A_t 구간에서 적분하면 $\dfrac{1}{C_{At}} = kt + \dfrac{1}{C_{A0}}$ 이다. 변환율이 90%라 하였으므로 $C_{At} = 0.1C_{A0}$ 이고 이를 앞의 적분식에 대입하면 $\dfrac{1}{0.1C_{A0}} = kt + \dfrac{1}{C_{A0}} = \dfrac{10^{-2}}{C_{A0}}t + \dfrac{1}{C_{A0}}$ 이다. 따라서 $\dfrac{1}{0.1} = 0.01t + 1$, $t = 900(s)$이다. 900초는 15분이다.

정답 및 해설 4.② 5.② 6.② 7.③ 8.③

9 화학제품 중 정밀화학 제품에 해당하는 것은?

① 석유 화학 제품

② 석탄 화학 제품

③ 산 알칼리 공업 제품

④ 화장품

10 브뢴스테드-로우리(Bronsted-Lowry) 산·염기에서 양성자(H^+)를 제공하면 (㉠), 제공 받으면 (㉡) (으)로, 한편 루이스(Lewis) 산·염기에서는 비공유 전자쌍을 주면 (㉢), 비공유 전자쌍을 받으면 (㉣)(으)로 정의한다. ㉠~㉣이 옳게 표시된 것은?

	㉠	㉡	㉢	㉣
①	산	염기	산	염기
②	염기	산	산	염기
③	산	염기	염기	산
④	염기	산	염기	산

11 대표적인 반도체 집적 회로 제품에 대한 설명으로 가장 옳은 것은?

① 디램 – 정보를 읽고 쓰는 것이 가능하고 전원이 공급되어 있는 동안에는 기억된 내용이 없어지지 않고 저장됨

② 플래시 메모리 – 전원이 꺼져도 정보가 보존되며, 전기적인 방법으로 정보를 자유롭게 입출력할 수 있음

③ 에스램 – 전원이 공급되는 동안에도 일정 기간 내에 주기적으로 정보를 다시 써 넣지 않으면 기억된 내용이 없어짐

④ 주문형 IC – 고객의 주문에 상관없이 범용 회로를 반도체 IC로 응용 설계하여 주문자에게 독점 공급

12 전기분해에 의해 유기 화합물을 대량 합성하는 공정은 화학공업의 중요한 분야이다. 전기 화 학적 유기 합성에 의한 반응물과 생성물을 옳게 짝지은 것은?

① Maleic acid – Glyoxalic acid

② Naphthalene – Adiponitrile

③ Nitrobenzene – Aniline sulfate

④ Acrylonitrile – Gluconic acid

---

9 정밀화학이란 석유, 석탄 공업이나 무기화학공업인 비료, 시멘트 공업 등과는 다르게 고도의 기술이 필요한 화학 공업 분야를 아우르는 말로 부가 가치가 높고 다양한 종류의 물품 소량생산이 가능하다. 따라서 정밀화학제품에 해당하는 것은 ④ 화장품이다.

10 브뢴스테드-로우리 정의에서 산은 양성자(H^+) 주개이고 염기는 양성자(H^+) 받개이다. 또한 루이스 정의에서 염기는 비공유 전자쌍 주개, 산은 비공유 전자쌍 받개이다.

11 ① 디램(DRAM, Dynamic random-access memory)은 정보를 기억하는 장치로 전원이 공급되더라도 주기적으로 정보를 갱신해야 하고 휘발성 메모리이다.
② 플래시 메모리(flash memory)는 전기적으로 데이터를 지우고 다시 기록할 수 있으며 전원이 꺼져도 정보가 보존되는 비휘발성 메모리이다.
③ 에스램(SRAM, Static RAM)은 전원이 공급되는 한 그 정보내용이 계속적으로 보존된다.
④ 주문형 IC(application specific integrated circuit)는 고객의 주문에 맞게 설계된 반도체 IC이다.

12 ① 에틸렌글리콜, 에탄올, 에탄알 등을 질산으로 산화시키면 글리콜산, 글리옥살, 글리옥살산이 생성된다.
말산은 탈수소효소의 작용으로 옥살로아세트산이 된다.
② 나프탈렌이 산화하면 프탈산이 생성된다.
아디포나이트릴은 뷰타디엔을 염소화한 후에 사이안화나트륨과 반응시켜서 1,4-다이사이아노부텐으로 만든다. 이후 이것을 수소로 환원시키면 생긴다.
③ 벤젠을 질산과 황산으로 니트로화하여 생기는 니트로벤젠을 환원시키면 아닐린설파이트를 얻고 이것이 아닐린이 된다.
④ 아크릴로니트릴은 프로필렌과 암모니아를 원료로 하여 합성된다.
글루콘산은 글루코스를 산화하여 얻는다.

정답 및 해설 9.④ 10.③ 11.② 12.③

13 녹말에 대한 설명으로 가장 옳지 않은 것은?

① 전분이라 하며, 곡물에 의해 사용되는 포도당의 저장형이다.

② 덱스트린(dextrine)은 동물의 간장이나 근육 등에 녹말이 흡수되어 바뀐 것이다.

③ 녹말을 묽은산으로 가수분해하면 엿당을 거쳐 포도당이 된다.

④ 녹말의 수용액은 요오드와 요오드-녹말 반응을 하여 푸른 보라색을 띠나, 펠링용액을 환원시키지 못한다.

14 술폰화(sulfonation)반응의 특징에 대한 설명으로 가장 옳지 않은 것은?

① 술폰화는 화합물에 $-SO_3H$를 도입시키는 공정이다.

② 술폰화반응은 친전자성 치환반응이다.

③ 공업적으로 많이 쓰이는 술폰화제에는 발연황산, 진한황산, 클로로술폰산이 대표적이다.

④ 나프탈렌의 술폰화는 반응온도에 영향을 받지 않는다.

15 질산 제조에 사용되는 암모니아 산화법(Ostwald법)에 대한 설명으로 옳은 것을 〈보기〉에서 모두 고른 것은?

〈보기〉

㉠ 암모니아 산화단계에서 Pt 촉매를 이용한다.

㉡ 암모니아 산화과정은 산화반응이다.

㉢ 암모니아 산화단계에서 생성된 NO 기체를 물에 흡수시켜 질산을 제조한다.

㉣ 암모니아 산화법을 통해 농축공정 없이도 90% 이상의 고농도 질산을 제조할 수 있다.

---

① ㉠, ㉡   ② ㉠, ㉣

③ ㉡, ㉣   ④ ㉢, ㉣

13 ① 녹말은 전문이라고도 하며 곡물에 의해 사용되는 포도당의 저장형이다.

② 덱스트린은 녹말을 가수분해하여 얻어지는 다당류들을 총칭하는 것으로 생체 내에서는 침(아밀레이스)과 소장 내의 세균에 의해 녹말에서 형성된다. 동물의 간장이나 근육 등에 저장된 다당류는 글리코겐이다.

③ 녹말을 묽은 산으로 가수분해하면 엿당을 거쳐 포도당이 된다.

④ 녹말의 수용액은 요오드와 요오드-녹말 반응을 하여 푸른 보라색이 되고, 펠링용액은 환원시키지 못한다. 펠링용액은 푸른색으로 포도당(글루코스), 프록토스, 갈락토스와 같은 환원성 당과 반응하여 붉은색 침전을 만든다.

14 ① 유기화합물에 술폰기(sulfonic group)($-SO_3H$)를 도입해서 슬폰산을 생성하는 반응이다.

② 술폰화 반응은 친전자성 치환반응이다.

③ 술폰화제로는 농도가 진한 황산, 발연황산, 클로로황산 등이 공업적으로 이용된다.

④ 나프탈렌을 술폰화시키면 생기는 화합물은 두 가지 이성질체로 α-나프탈렌설폰산과 β-나프탈렌설폰산이다. α는 0~60℃에서, β는 165℃에서 얻게 된다.

15 암모니아 산화법(Ostwald법)은 질산의 공업적 제법이다.

㉠㉡ Pt 촉매를 이용하여 암모니아를 산화하여 일산화질소를 만든다.

$$4NH_3 + 5O_2 \rightarrow 4NO + 6H_2O + 216.4kcal$$

이 과정에서 암모니아는 산화된다.

㉢ 암모니아 산화단계에서 생성된 NO 기체를 더욱 산화시켜 이산화질소(NO_2)를 만든 후, 이를 물에 흡수시켜 질산을 생성한다.

㉣ 암모니아 산화법으로 만든 질산은 50~63%의 묽은 질산이며 이를 농축하여 약 70%의 고농도의 질산을 만든다.

정답 및 해설 **13.**② **14.**④ **15.**①

16 금속 구리(Cu)와 철(Fe)이 수용액 내에서는 서로 분리되어 있으나 외부회로를 통하여 연결되 어 있다. 이때 예측되는 거동에 대한 설명으로 가장 옳은 것은? (단, 수용액의 Cu^{+2}, Fe^{+2}의 농도는 1M이며, 표준전극전위는 〈보기〉와 같다.)

〈보기〉

$$Cu^{+2}+2e^- \rightarrow Cu, \ 0.34V \ vs. \ NHE$$
$$Fe^{+2}+2e^- \rightarrow Fe, \ -0.44V \ vs. \ NHE$$

① 철은 증착되고 구리는 용해된다.

② 두 전극을 이용하여 전기에너지를 만들 수 있다.

③ 두 전극 사이의 전압은 -0.78V이다.

④ 깁스자유에너지 변화는 0보다 크다.

17 〈보기〉 알켄 화합물의 친전자성 부가 반응의 주(major) 생성물은?

〈보기〉

$$\underset{\displaystyle H_3C - \overset{\displaystyle \overset{\textstyle CH_3}{|}}{C} = CHCH_3}{} + HCl \longrightarrow$$

①
```
        C
        |
C — C — C — C
    |
    Cl
```

②
```
        C
        |
C — C — C — C
    |
    Cl
```

③
```
        C
        |
C — C — C — C
    |   |
    Cl  Cl
```

④
```
    C
    |
C — C — C — C
    |
    Cl
```

18 석유에 포함된 황화합물과 질소화합물 중에서 〈보기〉와 같은 화학식을 갖는 황화합물㈎과 질소화합물㈏의 이름은?

〈보기〉

㈎   ㈏

	㈎	㈏
①	메틸 머캅탄(methyl mercaptan)	피리딘(pyridine)
②	메틸 설파이드(methyl sulfide)	피롤(pyrrole)
③	메틸 설파이드(methyl sulfide)	피리딘(pyridine)
④	메틸 머캅탄(methyl mercaptan)	피롤(pyrrole)

---

16 ① 철이 전자를 잃고 산화되므로 철이 용해되고 구리 이온이 전자를 받고 환원되므로 구리가 증착된다.
② 두 전극에서 전위차가 발생하여 전기에너지를 만든다.
③ (−)극이 철, (+)극이 구리이므로 표준환원전위는 +0.34−(−0.44)=+0.78(V)이다.
④ 자발적으로 전극반응이 일어나므로 깁스자유에너지 변화는 0보다 작다.

17 Markovnikov 첨가반응에서 HX가 알켄에 첨가될 때, 수소는 이중결합 탄소 중 수소원자가 더 많은 탄소에 첨가된다. 따라서 반응은 다음과 같다.

18

| 메틸 머캅탄(메테인 사이올) | 피리딘 | 메틸 설파이드 | 피롤 |

정답 및 해설 16.② 17.② 18.④

2018. 6. 23. 제2회 서울특별시 시행 ▮ 137

19 고옥탄가 가솔린 제조를 위한 중질유 접촉분해 공정에 대한 설명으로 가장 옳지 않은 것은?

① 접촉분해 공정방식으로는 유동상법이 주로 사용된다.

② 접촉분해의 촉매로서 실리카-알루미나 또는 제올라이트와 같은 고체산 촉매가 주로 이용된다.

③ 분해와 함께 이성질화, β-절단, 고리화 반응이 진행된다.

④ 접촉분해 공정은 라디칼 반응을 통해 진행되므로 올레핀이 가장 많이 생성된다.

20 〈보기〉에 나타난 친핵성 아실 치환 반응의 반응성 순서가 바르게 나열된 것은?

〈보기〉

$$R-C(=O)-Y + Z: \longrightarrow R-C(=O)-Z + Y:$$

① $R-C(=O)-OR' > R-C(=O)-NH_2 > R-C(=O)-Cl$

② $R-C(=O)-Cl > R-C(=O)-NH_2 > R-C(=O)-OR'$

③ $R-C(=O)-NH_2 > R-C(=O)-Cl > R-C(=O)-OR'$

④ $R-C(=O)-Cl > R-C(=O)-OR' > R-C(=O)-NH_2$

19 ① 접촉분해 공정방식으로는 비등점 315~560℃의 가스 오일을 원료로 사용하여 촉매와 함께 반응시키는 유동상법이 주로 사용된다.
④ 접촉분해 공정은 카르보늄이온이 생성되면서 올레핀이 만들어진다.

20 친핵성 아실 치환 반응에서의 반응성 순서는 아마이드($RCONH_2$) < 에스터($RCOOR'$) < 산 무수물($RCOOCOR'$) < 산 할로젠화물($RCOX$)이다.

정답 및 해설   19.④   20.④

1 증류 정제 공정을 이용하여 원유를 여러 성분으로 분리할 때, 끓는점이 높아지는 순서대로 바르게 나열한 것은?

① LPG → 휘발유/나프타 → 등유 → 경유 → 아스팔트

② LPG → 아스팔트 → 등유 → 경유 → 휘발유/나프타

③ 휘발유/나프타 → LPG → 등유 → 아스팔트 → 경유

④ 휘발유/나프타 → 등유 → 아스팔트 → 경유 → LPG

2 탄소 동소체로서 탄소 원자의 sp^3 혼성오비탈로 구성된 것은?

① 흑연

② 풀러렌

③ 다이아몬드

④ 탄소나노튜브

3 목재의 주요 성분의 함유율을 큰 순서대로 바르게 나열한 것은?

① 셀룰로스 > 헤미셀룰로스 > 수지 > 리그닌

② 셀룰로스 > 헤미셀룰로스 > 리그닌 > 수지

③ 셀룰로스 > 리그닌 > 수지 > 헤미셀룰로스

④ 셀룰로스 > 리그닌 > 헤미셀룰로스 > 수지

4 어떤 유지 5kg을 완전히 비누화하는 데 KOH가 0.2kg이 사용되었다면, 비누화가(saponification value)는?

① 10

② 20

③ 30

④ 40

---

1 원유를 증류 정제 공정으로 여러 성분으로 분리하면 끓는점이 낮은 것은 증류탑의 위쪽에서, 끓는점이 높은 것은 증류탑의 아래쪽에서 분리된다. 끓는점이 높아지는 순서대로(탄소수가 높아지는 순서대로) 나열하면 석유가스(LPG) < 휘발유 < 등유 < 경유 < 중유 < 윤활유 < 아스팔트이다.

2 혼성오비탈 중 sp^3는 s 오비탈과 3개의 p 오비탈이 혼성화된 것으로 사면체 가운데 중심원자를 배열하고 각 꼭짓점에 4개의 전자쌍을 배치한다.

　①②④ 흑연, 플러렌, 탄소나노튜브는 탄소가 서로 다른 3개의 탄소와 공유 결합되어 형성되므로 평면삼각형 가운데 중심 원자를 배열하고 각 꼭짓점에 3개의 전자쌍을 배치한다. 이는 s 오비탈과 2개의 p 오비탈 이 혼성화된 sp^2 혼성오비탈이다.

　③ 다이아몬드는 탄소가 서로 다른 4개의 탄소와 공유 결합되어 형성되므로 sp^3 혼성오비탈이다.

3 목재의 주요성분은 셀룰로스(섬유소)로 건조중량의 약 60%이며 나머지는 리그닌이 20~30%, 헤미셀룰로오스 10~20% 가량이며 부성분은 수지(resin), 정유(oil), 탄닌 등의 추출물과 무기물 등이다.

4 비누화값(SV : Saponification Value)은 '시료(유지) 1g을 비누화시키는 데 필요한 수산화나트륨(NaOH) 혹은 수산화칼륨(KOH)의 mg수'이다. 유지 5kg은 5,000g이고 KOH 0.2kg은 200,000mg이므로 이때의 비누화값은 $40(=\frac{200,000}{5,000})$이다.

5 화학기상증착(CVD)에 대한 설명으로 옳은 것만을 모두 고르면?

> ㉠ 여러 가지의 화합물 박막의 조성조절이 어렵다.
> ㉡ 다양한 특성을 가지는 박막을 원하는 두께로 성장시킬 수 있다.
> ㉢ 물리적 증착 공정에 비해 단차피복성(step coverage)이 떨어진다.

① ㉠
② ㉡
③ ㉠, ㉡
④ ㉡, ㉢

6 다음 반응에서 얻어지는 최종 생성물 ㉠은?

$$CH_3CHCH_2OH \ (\overset{CH_3}{|}) \quad \xrightarrow[\triangle]{H_2SO_4} \quad \xrightarrow{H_2/Pt} \quad ㉠$$

① $CH_3(CH_2)_2CH_3$

② $CH(CH_3)_3$

③ $CH(CH_3)_2COOH$

④ $CH(CH_3)_2CHO$

7 아스피린의 합성 반응에 대한 설명으로 옳지 않은 것은?

$$\text{(OH, COOH 벤젠)} + CH_3COOH \underset{}{\overset{H^+}{\rightleftharpoons}} \text{(OCOCH}_3, \text{COOH 벤젠)} + H_2O$$

① 이 반응은 탈수 축합반응이다.

② 이 반응은 산과 염기 사이의 중화반응이다.

③ H^+은 촉매로 사용된 산을 나타낸 것이다.

④ 아세트산 대신 아세트산 무수물을 사용하여도 생성물 아스피린을 얻을 수 있다.

5 화학기상증착((CVD : Chemical Vapor Deposition)은 반도체 제조공정 중 한 단계인 박막형성공정에서 화학 물질을 기체상태의 화합물을 기판 위에서 반응시켜 고체박막을 형성하는 공정이다. 이 방법은 높은 반응온도와 복잡한 반응경로, 사용기체의 위험성 등의 단점이 있지만 다양한 화합물 박막의 조성조절이 가능하고(㉠) 다양한 특성을 가지는 박막을 원하는 두께로 얻을 수 있으며(㉡), 표면에서 화학반응을 통해 박막을 형성시키므로 물리적 증착에 비해 단차피복성(웨이퍼의 패턴공정에서 위치에 따른 박막의 두께차가 얼마나 나는가의 척도)가 좋다(㉢).

6 산 촉매하에서 알코올은 탈수 반응이 일어난다.

〈탈수반응〉

〈수소 첨가반응〉

7

① 이 반응은 물이 빠져나가는 탈수축합반응이다.

② 이 반응은 염기와 산의 중화 반응이 아닌 두 가지 산(살리실산, 아세트산) 사이의 에스테르화 반응이다.

③ 반응식 위의 H$^+$는 산을 촉매로 사용한 것을 의미한다.

④ 아세트산 대신 아세트산 무수물을 사용하여도 아스피린을 얻을 수 있다.(이 경우에는 물 대신 아세트산이 생성된다)

살리실산　　무수아세트산　　아스피린　　아세트산
　　　　　　(아세트산무수물)

정답 및 해설 5.② 6.② 7.②

8 다음 반응의 생성물을 바르게 연결한 것은?

(가) $2CH_3CHO$ $\xrightarrow{Al(OC_2H_5)_3}$ ⓐ

(나) $CH_3CH=CHCH_3 + 3O_2$ $\xrightarrow{V_2O_5}$ ⓑ $+ 3H_2O$

㉠

㉡

㉢

㉣

	ⓐ	ⓑ
①	㉠	㉢
②	㉠	㉣
③	㉡	㉢
④	㉡	㉣

9 Friedel–Crafts 알킬화 반응에 대한 설명으로 옳은 것은?

① 방향족 고리가 탄소양이온(R^+)을 공격하는 친핵성 방향족 치환반응이다.
② 다중 알킬화 반응 및 탄소양이온 자리 옮김이 일어날 수 있다.
③ 아미노기와 같이 전자를 강하게 끌어당기는 기가 벤젠고리에 치환되어 있으면 반응이 잘 일어난다.
④ Friedel–Crafts 알킬화 반응에는 할로젠화 알킬, 할로젠화 아릴, 할로젠화 바이닐을 사용할 수 있다.

8

(가)

$HC_3-\overset{\overset{\displaystyle O}{\|}}{C}-H$ $\xrightarrow{Al(OC_2H_5)_3}$ $HC_3-\overset{\overset{\displaystyle O}{\|}}{C}-C_2H_5$

$\underset{\text{ⓛ}}{\text{----------}}$

(나)

$H_3C-\overset{\overset{\displaystyle H}{|}}{C}=\overset{\overset{\displaystyle H}{|}}{C}-CH_3 + O_2$ $\xrightarrow{V_2O_5}$ $HOOC-\overset{\overset{\displaystyle H}{|}}{C}=\overset{\overset{\displaystyle H}{|}}{C}-COOH$ $\longrightarrow$ $+ H_2O$

$\underset{\text{ⓔ}}{\text{----------}}$

9 Friedel-Crafts 알킬화 반응의 일반식은 다음과 같다.

① 친전자성 방향족 치환반응이다.
② 다중 알킬화 반응 및 탄소 자리옮김이 일어날 수 있다.
③ 아미노기와 같이 전자를 강하게 주는 작용기가 벤젠고리에 치환되어 있으면 반응이 잘 일어난다.
④ Friedel-Crafts 알킬화 반응에는 할로젠화 알킬, 할로젠화 아릴, 할로젠화 바이닐을 사용할 수 있다.

정답 및 해설 8.④ 9.②

10 다음 그림은 인안계 고도화성비료의 제조공정 중 일부를 나타낸 것이다. ㉠~㉢에 들어갈 물질을 옳게 짝지은 것은?

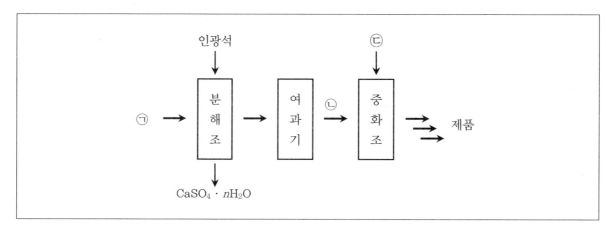

	㉠	㉡	㉢
①	H_2SO_4	(H_3PO_4, H_2SO_4)	NH_3
②	HNO_3	(H_3PO_4, H_2SO_4)	KOH
③	H_2SO_4	KCl	NH_3
④	HNO_3	KCl	KOH

11 어떤 화합물의 화학식이 다음과 같이 표현될 때, IUPAC명명법에 따른 이 화합물의 이름은?

$$(CH_3)_2CHCH(CH_3)CHCHCH_3$$

① 4,5-다이메틸-2-헥센(4,5-dimethyl-2-hexene)
② 4,5-다이메틸-2-헥세인(4,5-dimethyl-2-hexane)
③ 2,3-다이메틸-4-헥센(2,3-dimethyl-4-hexene)
④ 2,3-다이메틸-4-헥세인(2,3-dimethyl-4-hexane)

12 두 단량체 A와 B로부터 생성된 그라프트 공중합체(graft copolymer)의 구조는?

① −A−A−A−A−B−B−B−B−

② −A−B−A−B−A−B−A−B−

③ −A−B−A−A−B−A−B−B−B−A−

④ −A−A−A−A−A−A−A−A−
      |
     B−B−B−B−

---

10 분해제로 H_2SO_4 혹은 $H_2SO_4 + H_3PO_4$를 사용하고 분해 후 H_2SO_4, H_3PO_4를 여과한 후, NH_3로 중화시킨다.

11
$$CH_3 - \overset{\overset{\displaystyle CH_3}{|}}{C} - \overset{\overset{\displaystyle H}{|}}{C} - C = C - CH_3$$
$$\underset{\underset{\displaystyle H}{|}}{} \quad \underset{\underset{\displaystyle CH_3}{|}}{} \quad \underset{\underset{\displaystyle H}{|}}{} \quad \underset{\underset{\displaystyle H}{|}}{}$$
에서 가장 긴 사슬이 $CH_3 - C - C - C = C - CH_3$이므로 탄소수가 6개이고 이중결합이 1개인 핵

센이며 이중결합이 있는 탄소가 낮은 번호가 되도록 번호를 붙이면 6 5 4 3 2 1 이고 따라서 2−핵센이다. 또
$$CH_3 - C - C - C = C - CH_3$$
한 4번과 5번 탄소에 메틸기($-CH_3$)가 치환되어 있으므로 이 화합물은 4,5−다이메틸−2−핵센이다.

12 공중합체란 두 종류 이상의 단량체로부터 만든 고분자로 단량체 배열에 따라 여러 종류가 있다.
 ① −A−A−A−A−B−B−B−B− : 각 단량체로 된 블록이 연결된 것이므로 블록공중합체이다.
 ② −A−B−A−B−A−B−A−B− : 단량체들이 교대로 나열되었으므로 교대공중합체이다.
 ③ −A−B−A−A−B−A−B−B−B−A− : 일정한 규칙 없이 단량체들이 배열되었으므로 랜덤공중합체이다.
 ④ −A−A−A−A−A−A−A−A− : 두 개의 서로 다른 고분자들이 연결된 것으로 그라프트공중합체이다.
     |
    B−B−B−B−

  10.①   11.①   12.④

13 비닐계 합성수지가 아닌 것은?

① 폴리스타이렌(polystyrene)

② 폴리에틸렌(polyethylene)

③ 폴리프로필렌(polypropylene)

④ 폴리카보네이트(polycarbonate)

14 음이온성 계면활성제가 아닌 것은?

① 비누

② 테트라알킬암모늄염(tetraalkylammonium salt)

③ 알킬황산에스터염(alkylsulfate salt)

④ 알킬벤젠술폰산염(alkylbenzenesulfonate salt)

15 연료전지(fuel cell)에 대한 설명으로 옳지 않은 것은?

① 반응 연료를 외부에서 공급받는 전지이다.

② 가장 높은 온도에서 작동하는 것은 용융탄산염형 연료전지이다.

③ 소음이 적고, 무공해로 발전이 가능한 전기화학시스템 중의 하나이다.

④ 알칼리 연료전지에 사용되는 전해질은 진한 KOH 용액이다.

16 진한 질산(HNO_3 98% 수용액)을 원료로 사용하여 제조되는 물질이 아닌 것은?

① 축전지

② 화약

③ 의약품

④ 염료

13

비닐계 합성수지는 단위체가 $C = C$ (H, H / H, R 위치) 인 합성수지를 말한다 (알킬기, 할로겐, 벤젠고리 등).

① 폴리스타이렌 : $+CH_2-CH+_n$ (벤젠고리 치환)

② 폴리에틸렌 : $-[\overset{\displaystyle H}{\underset{\displaystyle H}{C}}-\overset{\displaystyle H}{\underset{\displaystyle H}{C}}]_n-$

③ 폴리프로필렌 : $+\overset{\displaystyle H}{\underset{\displaystyle H}{C}}-\overset{\displaystyle H}{\underset{\displaystyle CH_3}{C}}+_n$

④ 폴리카보네이트 : (벤젠고리 구조)

14 음이온 계면활성제는 수용액에서 해리하여 생기는 음이온이 수용액의 표면에 달라붙어 표면장력을 저하시키는 성질을 갖는 물질로 극성기가 -COONa, $-SO_3Na$ 등으로 되어 있다.

① 비누 : RCOONa

② 테트라알킬암모늄염 : $[R_1 R_2 R_3 R_4 N^+]X^-$ (양이온 계면활성제)

③ 알킬황산에스터염 : $-SO_3Na$

④ 알킬벤젠술폰산염 : (벤젠고리 구조, R / $SO_3^- Na^+$)

15 ① 연료전지는 외부에서 연료를 공급받는 '3차전지'이다.

② 연료전지의 발전온도는 알칼리형과 고분자형이 상온~100℃이고 인산형이 150~200℃, 용융탄산염형이 600~700℃, 고체산화물형이 700~1,000℃이다.

③ 질소산화물과 이산화탄소의 배출량이 적고 소음이 적은 무공해에너지기술이다.

④ 알칼리 연료전지는 전해질로 KOH를 사용한다.

16 ① 축전지는 황산으로 제조한다.

②③④ 질산으로 비료나 폭약, 염료, 화약, 의약품 등을 만든다.

정답 및 해설 13.④ 14.② 15.② 16.①

17 프로펜(propene)과 1-뷰텐(1-butene)을 혼합하여 올레핀 상호교환(metathesis) 반응을 진행했을 때, 얻어지는 최종 생성물이 아닌 것은? (단, 자체-상호교환(self-metathesis)반응도 일어날 수 있으며, 촉매 내에는 어떠한 금속-탄소 이중결합도 존재하지 않는다)

① 에텐(ethene)

② 2-뷰텐(2-butene)

③ 2-펜텐(2-pentene)

④ 3-헵텐(3-heptene)

18 케블라(Kevlar)에 대한 설명으로 옳은 것만을 모두 고르면?

> ㉠ 파라계 방향족 폴리아마이드 섬유이다.
> ㉡ 1970년대 독일 BASF에서 최초로 개발하였다.
> ㉢ 같은 무게의 강철보다 강도가 약하다.
> ㉣ 방탄복, 방탄모 등에 사용된다.

① ㉠, ㉡

② ㉠, ㉣

③ ㉡, ㉣

④ ㉢, ㉣

19 석탄에 대한 설명으로 옳지 않은 것은?

① 석탄의 건류 공정을 통해 방향족 탄화수소를 얻을 수 있다.

② 무연탄은 아탄에 비해 석탄화도가 크다.

③ 석탄의 탈수소화를 거쳐 석유와 유사한 기름을 얻어낼 수 있다.

④ 수증기와 반응하여 일산화탄소를 제조할 수 있다.

20 고분자의 입체규칙성(tacticity)에 대한 설명으로 옳은 것만을 모두 고르면?

> ㉠ 폴리에틸렌은 아탁틱(atactic) 구조로만 존재할 수 있다.
> ㉡ 아이소탁틱(isotactic) 구조가 아탁틱(atactic) 구조에 비해 결정화를 이루기 쉽다.
> ㉢ 신디오탁틱(syndiotactic) 폴리스타이렌(polystyrene)의 구조는 다음과 같이 나타낼 수 있다.
>
>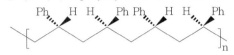

① ㉠   ② ㉠, ㉡

③ ㉡, ㉢   ④ ㉠, ㉡, ㉢

---

17 올레핀 상호교환 반응($H_2C = CH - CH_3$ + $H_2C = CH - CH_2 - CH_3$)에서 나올 수 있는 생성물은
에텐($H_2C = CH_2$), 2-뷰텐($H_3C - CH = CH - CH_3$), 2-펜텐($H_3C - CH = CH - CH_2 - CH_3$),
3-헥센($H_3C - CH_2 - CH = CH - CH_2 - CH_3$)이다.

18 ㉠ 케블라는 파라 아라마이드로 [구조식] 이다.
 ㉡ 1973년 미국 듀폰사가 상용화에 성공한 합성섬유이다.
 ㉢㉣ 같은 무게의 강철보다 강도가 강하고 탄성도 좋아 방탄성능이 필요한 방탄복, 방탄모 등에 사용된다.

19 ① 석탄은 공기를 차단하여 가열하는 건류공정으로 코크스를 얻을 수 있고 부산물로 콜타르를 얻는다. 콜타르는 벤젠고리가
    있는 방향족 탄화수소를 포함한다.
 ② 석탄화도(탄소 함유량)은 아탄 < 갈탄 < 역청탄 < 무연탄이다.
 ③ 석탄을 수소 첨가반응으로 분해하면 원유와 비슷한 액화유를 만들 수 있다.(같은 수의 탄소에 대한 수소의 비 : 석유 > 석탄)
 ④ 석탄을 수증기와 반응시켜 일산화탄소를 얻을 수 있다.

20 아이소탁틱 구조는 비대칭 탄소가 모두 동일한 배열로 중합될 때를 말하고 신디오탁틱 구조는 비대칭 탄소가 교대로 건너서
동일할 때, 아탁틱 구조는 배열이 불규칙할 때를 말한다.
 ㉠ 폴리 에틸렌([구조식])은 4개의 다른 원자 혹은 치환기와 결합하여 키랄 중심을 형성하는 탄소 원자가 존재하지 않으

   므로 아이소탁틱, 신디오탁틱, 아탁틱 구조로 분류할 수 없다.
 ㉡ 아이소탁틱 구조는 일정한 배열이 있으므로 불규칙한 아탁틱 구조보다 결정화를 이루기 쉽다.
 ㉢ 신디오탁틱 폴리스타이렌 구조는 비대칭 탄소가 교대로 건너서 동일한 구조인
   [구조식]가 맞다.

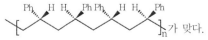

1 1차 전지로만 나열한 것은?

① 망간 전지, 수은-아연 전지
② 알칼리 전지, 니켈-카드뮴 전지
③ 산화은 전지, 나트륨-황 전지
④ 납축전지, 리튬-산화망간 전지

2 포화지방산으로만 나열한 것은?

① 부티르산, 올레산, 라우르산
② 카프로산, 미리스트산, 팔미트올레산
③ 카프릴산, 라우르산, 팔미트산
④ 카프르산, 팔미트산, 리놀렌산

3 DNA(Deoxyribonucleic acid)에 대한 설명으로 옳지 않은 것은?

① 유전정보를 함유하는 생체 고분자 물질이다.
② 염기의 상보적인 결합에 의하여 나선형 구조를 이룬다.
③ 염기의 상보적인 결합은 수소결합에 의해 이루어진다.
④ 질산이 뉴클레오타이드를 연결하는 역할을 한다.

4 다음 글에서 설명하는 중합법은?

> 단량체를 수중에서 격렬한 교반으로 혼합 분산시켜 중합시키는 방법이며, 중합열의 제어가 용이하고 알맹이 모양의 고분자가 얻어진다.

① 괴상중합
② 현탁중합
③ 유화중합
④ 용액중합

---

1 1차전지에는 알칼리-망간전지, 산화수은-아연전지, 산화은-아연전지가 있고 2차전지에는 납축전지, 니켈-카드뮴전지, 리튬 이온전지가 있다.

2 포화지방산은 탄소-탄소 결합이 모두 단일결합인 것으로 라우르산, 미리스트산, 팔미트산, 스테아르산, 카르로산, 카프릴산, 카르로산 등이 있다. 불포화지방산은 탄소-탄소 결합에 이중결합이 1개 이상 있는 것으로 올레산, 리놀렌산, 팔미트올레산 등이 있다.

3 ① DNA는 유전정보를 가지는 생체 고분자이다.(단위체: 뉴클레오타이드)
  ②③ 한가닥의 뉴클레오타이드가 가진 염기와 다른 한가닥의 뉴클레오타이드가 가진 염기가 서로 상보적인 수소 결합으로 인해 이중 나선구조를 가진다.
  ④ 뉴클레오타이드의 '인산-당-염기'에서 인산이 다른 뉴클레오타이드와 결합하면서 '인산-당 골격'을 이루고 폴리뉴클레오타이드를 형성한다.

4 ① 괴상중합(벌크중합)은 부가중합 시 용매를 사용하지 않고 단량체만을 중합시키는 것으로 발생하는 중합열의 제어가 어렵다.
  ② 현탁중합은 물속에 분산된 작은 액체 단량체를 이용하여 구형의 고체입자를 만드는 것으로 비드중합이라고도 한다. 이렇게 형성된 중합체는 분자량이 매우 크고 순도가 좋다.
  ③ 유화중합은 많은 양의 물속에 물에 잘 녹지 않는 단량체를 유화제로 유화시킨 후, 중합하는 것이다.
  ④ 용액중합은 단량체를 용매에 녹여 가열하여 중합체를 형성하는 것으로 용매의 회수가 필요하다.

정답 및 해설 1.① 2.③ 3.④ 4.②

5 다음 반응을 통해서 얻어지는 주생성물은?

$$H-C \equiv C-CH_3 \xrightarrow[\text{HgSO}_4]{\text{H}_2\text{O, H}_2\text{SO}_4} \text{주생성물}$$

① propanone
② propenal
③ propan-2-ol
④ propen-2-ol

6 아닐린(aniline) 유도체로부터 염화아릴(aryl chloride)을 합성하기 위한 반응의 중간체는?

$$Ar-NH_2 \xrightarrow[\text{HCl}]{\text{NaNO}_2} \text{중간체} \xrightarrow{\text{CuCl}} Ar-C$$

① $Ar-H$
② $Ar-NO_2$
③ $Ar-O^-Na^+$
④ $Ar-N_2^+Cl^-$

7 2-Bromo-2,3-dimethylbutane으로부터 할로젠화수소 제거반응에 의해 얻어지는 주생성물은?

① 2,3-Dimethylbutane
② 2,3-Dimethyl-1-butene
③ 2,3-Dimethyl-2-butene
④ 2-Methyl-2-butene

8 칼슘카바이드(CaC_2)는 물과 반응하여 무색의 기체 A를 생성한다. 기체 A에 대한 설명으로 옳지 않은 것은?

① 분자구조가 선형이다.

② 불포화탄화수소이다.

③ 브롬(Br_2)과 첨가반응이 가능하다.

④ 수산화나트륨(NaOH)과 중화반응을 한다.

---

5 아세틸렌의 수화반응이 일어난 후, 다음과 같이 반응이 진행된다.

$$H-C \equiv C-CH_3 \xrightarrow[\text{HgSO}_4]{\text{H}_2\text{O, H}_2\text{SO}_4} \begin{matrix} OH \\ | \\ H_2C=C-CH_3 \end{matrix} \xrightarrow{\text{토토머화 반응}} \begin{matrix} O \\ \| \\ H_3C-C-CH_3 \end{matrix}$$

생성물은 아세톤으로 이것은 propanone이다.

6

아릴디아조늄 이온

7 Zaitsev 규칙에 따라 이중결합 탄소 부분에 알킬기가 더 많이 치환된 것이 더 많은 비율로 생성된다.

[주생성물]   [부생성물]

주생성물의 명명법은 탄소 사슬이 가장 길면서 이중결합이 탄소가 낮은 번호가 되도록 번호를 붙이면

$$\begin{matrix} & C & C & \\ & | & | & \\ C-C=C-C \\ 4 & 3 & 2 & 1 \end{matrix}$$ 이고 따라서 2-부텐이다. 또한 2번과 3번 탄소에 메틸기($-CH_3$)가 치환되어 있으므로 이 화합물은 2,3-다이

메틸-2-부텐이다.

8 칼슘카바이드와 물의 반응으로 아세틸렌이 생성된다.

$$CaC_2 + H_2O \rightarrow Ca(OH)_2 + HC \equiv CH$$

① 아세틸렌의 분자구조는 선형이다.

② 삼중결합이 존재하는 불포화탄화수소이다.

③ 다중결합 부분에 할로겐 첨가반응이 가능하다.

④ 수소이온을 내놓을 수 없으므로(중성) 수산화나트륨과 중화 반응을 할 수 없다.

정답 및 해설 5.① 6.④ 7.③ 8.④

9 다음 글에서 설명하는 주생성물은?

> 벤젠과 프로필렌으로부터 얻어지는 큐멘(cumene)을 산화시킨 후 산 분해하면, 주생성물과 아세톤이 얻어진다.

① 에탄올
② 페놀
③ 비스페놀 A
④ 톨루엔

10 다음은 천연가스 분리공정에서 이용되는 단위공정들이다. 공정 진행 순서를 바르게 나열한 것은?

㉠ 흡수탑	㉡ 증류탑
㉢ 탈에탄탑	㉣ 가솔린 분리기

① ㉠→㉢→㉡→㉣
② ㉠→㉡→㉢→㉣
③ ㉣→㉠→㉡→㉢
④ ㉣→㉠→㉢→㉡

11 열경화성 수지와 열가소성 수지에 대한 설명으로 옳은 것은?

① 열경화성 수지는 가교결합을 가지고 있으며, 용매에는 녹지 않으나 열에는 용융된다.
② 열가소성 수지는 일반적으로 선형 구조로 되어 있으며, 용매에 쉽게 용해되지 않는 경우도 있다.
③ 열경화성 수지의 대표적인 예로 페놀수지, 멜라민수지, 폴리스타이렌 등이 있다.
④ 열가소성 수지의 대표적인 예로 폴리에틸렌, 폴리프로필렌, 에폭시 수지 등이 있다.

12 단백질의 구조에 대한 설명으로 옳지 않은 것은?

① 1차 구조는 단백질 내 아미노산의 순서를 말한다.

② 2차 구조는 단백질 사슬이 국소적으로 이루는 모양을 말하며, 병풍모양이나 나선모양을 보 이기도 한다.

③ 3차 구조는 단백질 사슬에서 상대적으로 멀리 떨어져 있는 아미노산 단위들의 공간적 관계를 말한다.

④ 4차 구조는 하나의 단백질 사슬이 4번 이상 접혀 있는 구조를 말한다.

---

9 큐멘법으로 큐멘(이소프로필벤젠)을 공기 중의 산소와 반응시킨 후, 산처리하여 주생성물인 페놀과 아세톤을 얻을 수 있다.

10 천연가스 분리공정은 '흡수탑-증류탑-탈에탄탑-가솔린 분리기' 순서이다.

11 ① 열경화성수지는 가교화되어 있으며 용매에도 잘 녹지 않고 가열에 의해 용융되지 않고 탄다.
   ② 열가소성수지는 일반적으로 선형구조이고 용매에는 물질에 따라 용해되기도, 용해되지 않기도 한다.
   ③ 열경화성수지는 페놀수지, 멜라민수지, 에폭시수지 등이 있다.
   ④ 열가소성수지는 폴리에틸렌, 폴리프로필렌, 폴리스타이렌 등이 있다.

12 ① 아미노산 순서로 연결되어 있는 구조는 단백질의 1차구조이다.
   ② 2차구조는 단백질사슬(폴리뉴클레오타이드)가 국소적으로 접히거나 말린등의 모양이다.
   ③ 단백질의 3차구조는 아미노산이 가진 작용기가 다른 아미노산의 작용기와 수소결합으로 생긴 3차원 입체구조를 말한다.
   ④ 단백질의 4차구조는 3차구조의 단백질이 여러 개 모여 하나의 기능을 하는 경우의 구조를 말한다.

정답 및 해설　9.②　10.②　11.②　12.④

13 종이 제조 시 펄프를 물에서 기계적으로 세단하고 해리, 콜로이드화 시켜 종이의 품질을 고르게 하는 공정은?

① 사이징
② 충전
③ 초지
④ 비팅

14 다음 반응을 통해서 얻어지는 주생성물은?

$$CH_2=CH-CH_3 + NH_3 + \frac{3}{2}O_2 \xrightarrow[\substack{400\sim450\,℃ \\ 1\sim3기압}]{촉매} 주생성물 + 3H_2O$$

① $CH_2=CHCOOH$
② $CH_2=CHCHO$
③ $CH_2=CHCN$
④ $CH_2=CHCONH_2$

15 이소프렌을 합성하는 방법에 대한 설명으로 옳지 않은 것은?

① 이소부틸렌과 포름알데하이드의 반응
② 이소펜텐의 탈수소 반응
③ 아세톤과 아세틸렌의 반응
④ 이소부틸렌과 에틸렌의 불균화 반응

16 소다 생산을 위한 전해법으로 얻어지는 가성소다 수용액의 농도가 높은 것부터 순서대로 바르게 나열한 것은?

① 수은법 > 이온교환막법 > 격막법

② 수은법 > 격막법 > 이온교환막법

③ 격막법 > 수은법 > 이온교환막법

④ 격막법 > 이온교환막법 > 수은법

---

13 종이의 제조공정은 〈펄프〉-비팅-사이징-충전-착색-초지-〈상질지〉이다.
① 사이징은 종이에 액체가 침투하는 것을 방지하는 처리로 종이의 표면 특성이 향상된다.
② 충전은 종이의 다공성 부분을 메우는 공정이다.
③ 초지는 종이를 뜨는 것을 말한다.
④ 펄프를 물에 풀어서 기계적으로 세단하고 해리, 콜로이드화시켜 종이품질을 고르게 하는 공정이다.

14 주어진 반응은 아크롤로니트릴의 제조방법 중 Sohio법으로 아크롤로니트릴의 대량생산이 가능하다.
$$2H_2C = CH - CH_3 + 2NH_3 + 3O_2 \rightarrow 2H_2C = CH - CN + 6H_2O$$

15 ①
$$H_2C = \underset{\underset{CH_3}{|}}{C} - CH_3 + \underset{\underset{H \quad H}{}}{\overset{\overset{O}{\|}}{C}} \longrightarrow H_2C = \underset{\underset{CH_3}{|}}{C} - CH = CH_2 + H_2O$$

② $H_2C = \underset{\underset{CH_3}{|}}{C} - CH_2 - CH_3 \underset{\text{탈수소}}{\longrightarrow} H_2C = \underset{\underset{CH_3}{|}}{C} - CH = CH_2$

③
$$\underset{\underset{H_3C \quad CH_3}{}}{\overset{\overset{O}{\|}}{C}} + HC \equiv CH \longrightarrow \underset{\underset{H_3C \quad CH_3}{}}{\overset{\overset{OH}{\|}}{C}} + HC \equiv CH \longrightarrow H_2C = \underset{\underset{CH_3}{|}}{C} - CH = CH_2 + \frac{1}{2}O_2$$

④ $H_2C = \underset{\underset{CH_3}{|}}{C} + CH_3 + H_2C = CH_2 \longrightarrow CH_3 - \underset{\underset{CH_3}{|}}{C} = CH - CH = CH_2 + H_2$

16 가성소다 제조방법 중 전해법은 수은법, 격막법, 이온교환막법이 있는데 이들 중 수은법이 제품의 순도가 높고 격막법이 순도가 낮아 많은 농축이 필요하다.

정답 및 해설 **13.**④ **14.**③ **15.**④ **16.**①

17 산 및 염기와 모두 반응할 수 있는 화합물은?

① P_4O_{10}
② Al_2O_3
③ SiO_2
④ MgO

18 풀러렌(fullerene)에 대한 설명으로 옳지 않은 것은?

① 풀러렌은 C_{60}이 대표적이고 C_{70}, C_{84} 등이 존재한다.
② C_{60} 풀러렌은 5원환과 6원환으로 이루어진 다면체 클러스터 분자 형태이다.
③ C_{60} 풀러렌은 화학적으로 안정하여 다른 물질과 화학 반응이 일어나지 않는다.
④ 풀러렌은 다이아몬드와 동소체이다.

19 복합비료에 대한 설명으로 옳지 않은 것은?

① N, P_2O_5, K_2O의 세 요소 중에서 두 성분 이상을 포함한 비료를 복합비료라 한다.
② N, P_2O_5, K_2O의 함량의 합계가 30 % 미만인 것을 고도화성 비료라고 한다.
③ 황안, 요소, 과인산석회 및 염화칼륨 등을 단순히 혼합시킨 비료를 배합비료라 한다.
④ 복합비료는 식물이 필요로 하는 성분을 복합시켜 놓아서 비료 효과가 크다.

20 다음 중 음이온 개시제에 대한 단량체의 반응성이 작은 것부터 순서대로 바르게 나열한 것은?

㉠ acrylonitrile	㉡ ethyl α-cyanoacrylate
㉢ methyl methacrylate	㉣ styrene

① ㉠ < ㉣ < ㉡ < ㉢
② ㉡ < ㉢ < ㉠ < ㉣
③ ㉢ < ㉣ < ㉡ < ㉠
④ ㉣ < ㉢ < ㉠ < ㉡

17 ① P_2O_{10} : 산성 산화물(비금속의 산화물)로 염기와 반응

② AlO_3 : 양쪽성 산화물이므로 산과 염기와 모두 반응

$$Al_2O_3 + 6HCl \rightarrow 2AlCl_3 (염화알루미늄) + 3H_2O$$
$$Al_2O_3 + 2NaOH \rightarrow 2NaAlO_2 (알루민산나트륨) + H_2O$$

(일반적으로 금속의 산화물은 염기성 산화물이고, 비금속의 산화물은 산성 산화물이나 Al, Sn, Pb, As처럼 상황에 따라 금속과 비금속의 성질을 나타내는 원소의 산화물의 대부분은 양쪽성 산화물임)

③ SiO_2 : 산성 산화물(비금속의 산화물)로 염기와 반응

④ MgO : 염기성 산화물(금속의 산화물)로 산과 반응

18 ①② 풀러렌은 탄소원자로 이루어진 5각형, 6각형 구조이며 일반적인 것은 축구공 모양의 C_{60} 이다.(12개의 5각형+20개의 6각형) 이외에 C_{70}, C_{84} 등도 존재한다.

③ 안정한 흑연에 비해 불안정하며 대부분의 용매에 용해된다.

④ 풀러렌, 다이아몬드, 흑연, 탄소 나노튜브는 모두 탄소 동소체이다.

19 ①④ N, P_2O_5, K_2O 중 두 가지 이상을 포함하면 복합비료이다. 복합비료는 식물이 필요로 하는 원소를 포함하고 있어 비료효과가 크다.

② N, P_2O_5, K_2O의 함량의 합계가 30% 이상이면 고도화성 비료이다.

③ 황안, 요소, 과인산석회, 염화칼륨 등을 단순히 혼합시킨 것은 배합비료이다.

20 음이온 개시제는 음이온을 생성시켜 단량체와 결합함으로써 음이온 중합을 개시한다. 이때 개시제가 이중결합에 결합될 때의 작용기의 전자와 잘 결합할수록 반응성이 커진다. 즉, 전자를 잘 내어주는 $-C \equiv N$, $-COO$ 등의 작용기가 존재하면 단량체의 반응성이 크다.

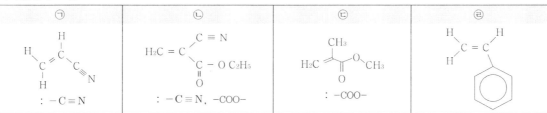

1 전이금속 촉매를 이용한 상업화 공정 중 〈보기〉가 설명하는 것은?

〈보기〉

에틸렌을 산화시켜 아세트알데히드를 합성하는 반응으로, 1959년에 상업화되었으며 촉매로는 $PdCl_2$ 와 $CuCl_2$가 사용된다.

① 메탄올의 카보닐화 반응공정
② 비닐 아세테이트 합성공정
③ Wacker 공정
④ 옥소공정

2 정팔면체 착물(MA_3B_3)의 기하이성질체와 광학이성질체 총 수는?

① 2   ② 4
③ 5   ④ 6

1 ① 메탄올의 카르보닐화 반응으로 아세트산을 얻는다.

② 비닐아세테이트는 공업적으로 아세트산과 아세틸렌의 반응으로 합성된다.

③ 에틸렌을 산화시켜 아세트알데히드를 합성하는 반응이다.

④ 옥소공정은 알켄에 CO를 도입하는 카르보닐화 반응이다.

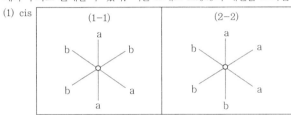

2 팔면체형에서 분자기하는 6개의 배위자가 중심원자의 주위에 대칭적으로 배치되어 정팔면체의 각 모서리에 위치한다. 이때, 2종 이상의 배위자 종류가 팔면체의 중심금속에 배위하는 위치에 따라 이성질체가 생긴다.

만약 Ma_3b_3에서 같은 배위자 2개가 서로 인접하고 있을 때가 cis형, 같은 배위자 2개가 일직선상에 있을 때가 trans이다. 또한, Ma_3b_3라면 같은 세 배위자가 서로 cis인 facial(fac)과, 같은 세 배위자가 동일평면상에 있는 meridional(mer)까지 2종의 이성질체가 추가로 존재할 수 있다. 이를 토대로 Ma_3b_3의 배열을 그리면 다음과 같다.

(1) cis

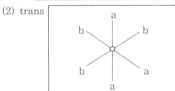

(2) trans

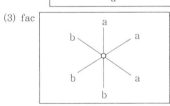

(3) fac

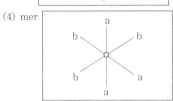

(4) mer

앞의 구조에서 (1)=(1-1)이라면 (1-1), (2), (3)이 동일한 분자기하이고 (4)는 다른 분자기하로 2가지의 기하이성질체가 존재한다. 만약 앞의 구조에서 (1)=(1-2)라면 (1-2), (3)이 동일한 분자기하이고 (2), (4)가 동일한 분자기하이므로 2가지의 기하이성질체가 존재한다. ⇒ 기하이성질체 수=2

또한, 리간드를 3개 이상 갖는 착화합물에서 키랄성이 있는 경우가 광학이성질체이다. Ma_3b_3에서는 리간드가 2개이므로 광학이성질체의 수는 0이다.

정답 및 해설 1. ③ 2. ①

3 sp와 sp^2 혼성궤도함수를 모두 가지고 있는 탄소화합물에 해당하는 것은?

① $H_3C-CH_2-CH_3$

② $H_2C=CH-CH_3$

③ $H_2C=C=CH_2$

④ $H_3C-C\equiv C-CH_3$

4 S$_N$2 친핵성 치환 반응에 대한 설명으로 가장 옳은 것은?

① Br^-가 I^-보다 좋은 이탈기이다.

② 활성화 에너지가 증가하면 반응속도가 빨라진다.

③ 극성 양성자성 용매에서는 친핵체 음이온의 주기가 커질수록 친핵성이 감소한다.

④ 극성 비양성자성 용매는 가장 좋은 용매이다.

5 열분해(thermal cracking)에 대한 설명으로 〈보기〉에서 옳은 것을 모두 고른 것은?

〈보기〉
ㄱ 석유 탄화수소를 열적으로 분해하여 보다 분자량이 작은 분자로 전환시키는 공정을 열분해라 한다.
ㄴ 열분해 반응은 라디칼(radical)의 생성 및 반응에 의해 일어난다.
ㄷ 결합의 절단은 삼차 탄소 라디칼이 생성되는 절단이 가장 일어나기 어렵고, 일차 탄소 라디칼이 생성되는 절단이 가장 일어나기 쉽다.
ㄹ 열분해 반응의 주된 생성물은 올레핀(olefin)이다.

① ㄱ, ㄴ

② ㄱ, ㄴ, ㄷ

③ ㄱ, ㄴ, ㄹ

④ ㄴ, ㄷ, ㄹ

6 p형 반도체를 구성하는 조성으로 가장 옳지 않은 것은?

① Si에 Al을 혼입   ② Si에 P을 혼입

③ Si에 Ga을 혼입   ④ Si에 In을 혼입

---

3 혼성오비탈 중 sp는 s 오비탈과 p 오비탈이 혼성화된 것으로 중심원자를 배열하고 양쪽에 전자쌍을 배치한다. 또한, sp^2 는 s 오비탈과 3개의 p 오비탈이 혼성화된 것으로 가운데에 중심원자를 배열하고 삼각형의 각 꼭짓점에 3개의 전자쌍을 배치한다. sp, sp^2 혼성궤도함수를 모두 가지려면 분자 내에 직선형 구조와 삼각형 구조를 가져야 하는데 이에 적당한 것은 ③ 이다.

4 ① 할로젠화 이온의 이탈정도(친핵성)는 $I^- > Br^- > Cl^- > F^-$ 이다.
  ② 활성화 에너지가 감소하면 반응속도는 빨라진다.
  ③ 극성 양성자성 용매에서는 친핵체 음이온의 주기가 커질수록 친핵성이 증가한다. $(I^- > Br^- > Cl^- > F^-)$
  ④ 극성 비양성자성 용매가 가장 좋은 용매이다.

5 ㉠ 열분해는 분자량이 큰 탄화수소를 열로 분해시켜 분자량이 작은 탄화수소로 분해하는 것이다.
  ㉡ 열분해 반응은 자유라디칼 연쇄반응이다.
  ㉢ 라디칼의 안정성은 methyl<1차<2차<3차이므로 삼차 탄소 라디칼의 생성되는 절단이 일차 탄소 라디칼이 생성되는 절단보다 일어나기 쉽다.

6 p형 반도체를 구성하려면 양공이 생길 수 있어야 한다.
  ① 14족인 Si에 13족인 Al을 혼입하면 p형 반도체를 만들 수 있다.
  ② 14족인 Si에 15족인 P을 혼입하면 n형 반도체를 만들 수 있다.
  ③ 14족인 Si에 13족인 Ga을 혼입하면 p형 반도체를 만들 수 있다.
  ④ 14족인 Si에 13족인 In을 혼입하면 p형 반도체를 만들 수 있다.

정답 및 해설   3.③   4.④   5.③   6.②

7 무전해 도금(electroless plating)에 대한 설명으로 〈보기〉에서 옳은 것을 모두 고른 것은?

〈보기〉

㉠ 기판 물질의 표면에서 환원제의 산화 반응과 금속의 환원 석출 반응을 동시에 일으켜 금속의 미립자를 석출시킨다.

㉡ 전기 전도체의 표면에만 도금이 가능하다.

㉢ 복잡한 형상 또는 분말상의 재료 표면에도 균일한 도금이 가능하다.

㉣ 도금층이 치밀한 특징이 있다.

① ㉠, ㉣   ② ㉡, ㉣

③ ㉠, ㉢, ㉣   ④ ㉡, ㉢, ㉣

8 〈보기〉의 설명에 해당하는 고분자의 라디칼 중합 공정으로 옳은 것은?

〈보기〉

용매 또는 분산매를 사용하지 않고 단량체와 개시제만을 혼합하여 중합시키는 방법이다. 조성과 장치가 간단하고 제품에 불순물이 적다는 장점이 있다. 반면, 내부의 중합 열이 잘 제거되지 않아 부분적으로 과열되거나, 자동 촉진 효과(autoacceleration)에 의해 반응이 폭주하여 반응의 선택성이 떨어진다.

① 유화 중합(emulsion polymerization)

② 용액 중합(solution polymerization)

③ 현탁 중합(suspension polymerization)

④ 괴상 중합(bulk polymerization)

9 〈보기〉에 나타난 표준 환원 전위에 따라 산화력이 큰 순서대로 나열된 것은?

〈보기〉

㉠ $F_2 + 2e^- \rightarrow 2F^-$	$E° = +2.87V$	
㉡ $MnO_4^- + e^- \rightarrow MnO_4^{2-}$	$E° = +0.56V$	
㉢ $Cr^{3+} + 3e^- \rightarrow Cr$	$E° = -0.73V$	
㉣ $Au^{3+} + 3e^- \rightarrow Au$	$E° = +1.50V$	

① ㉠ > ㉣ > ㉡ > ㉢   ② ㉢ > ㉡ > ㉣ > ㉠

③ ㉣ > ㉠ > ㉢ > ㉡   ④ ㉡ > ㉢ > ㉠ > ㉣

---

7 ㉠ 무전해 도금은 기판 물질의 표면에서 환원제의 산화 반응과 금속의 환원 석출 반응이 동시에 일어나 금속을 석출시킨다.
　㉡ 무전해 도금은 촉매화를 통해 비전도체에도 도금이 가능하다.
　㉢ 무전해 도금은 복잡한 형상이나 분말상의 재료 표면에도 균일한 도금이 가능하다.
　㉣ 무전해 도금은 도금층이 치밀하다.

8 ① 유화중합은 분산매를 사용하여 물에 잘 녹지 않는 단량체를 유화제를 써서 분산시킨 후, 수용성 개시제로 중합시킨다.
　② 용액중합은 단량체를 용매에 녹인 후, 적당한 개시제를 첨가하여 가열하면서 중합시킨다.
　③ 현탁중합은 물 속에 분산되어 있는 작은 액체 단량체를 사용하여 고체입체를 만든다.
　④ 괴상중합은 용매나 분산매를 사용하지 않고 단량체만을 중합시키는 방법으로 소량의 개시제를 사용한다.

9 표준환원전위가 클수록 환원되려는 성질이 크다. 자신이 환원되려는 성질이 큰 물질은 남을 잘 산화시키므로 산화력이 큰 물
　질은 표준환원전위가 크다. 따라서 표준환원전위는 ㉠ > ㉣ > ㉡ > ㉢이다.

정답 및 해설　7.③　8.④　9.①

10 유화(emulsification)에 대한 설명으로 가장 옳은 것은?

① 미세 유화된 액체는 원래의 상태와 동일한 특성을 갖는다.

② 유화된 혼합물인 에멀전(emulsion)은 열역학적으로 안정하며 대표적인 예로 우유와 버터가 있다.

③ 에멀전을 용액으로 만들기 위해 계면활성제를 유화제로 사용한다.

④ 유화란 한 액체가 미세한 입자형태로 다른 액체에 분산된 상태를 말한다.

11 〈보기〉의 반응식을 통해 생성되는 물질의 특징이 아닌 것은?

$$\langle 보기 \rangle$$
$$H-C \equiv C-H + H_2O \xrightarrow{\text{HgSO}_4} 생성물$$

① 요오드포름 반응을 한다.

② 무색이고, 악취가 나는 액체이다.

③ 산의 촉매하에서 알코올과 축합 반응을 하여 에스테르를 생성한다.

④ 산화되면 아세트산이 되고, 환원되면 에탄올이 된다.

12 불균일계 촉매 반응의 예에 해당하는 것은?

① 산화질소 촉매에 의한 이산화황의 산화

② 이산화망간 촉매에 의한 칼륨클로레이트의 분해

③ 금 촉매에 의한 과산화수소의 분해

④ 산 촉매에 의한 에스터의 가수분해

10 유화액은 섞이지 않는 액체가 다른 액체에 콜로이드 상태로 퍼져 있는 용액이다.

① 미세유화된 액체는 원래와 상태와는 다르다.

② 일반적인 유화액(에멀전)은 열역학적으로 불안정하며 유유와 버터가 이에 속한다.

③ 유화액의 안정성을 향상시키는 물질을 유화제라 하며 계면활성제도 유화제의 일종이다.

④ 유화란 한 액체가 미세한 입자형태로 다른 액체 속에 분산된 상태를 말한다.

11

$$H-C \equiv C-H + H_2O \xrightarrow{\text{황산수은}} H-\overset{\displaystyle H}{\underset{\displaystyle H}{C}}-C\overset{\displaystyle O}{\underset{\displaystyle H}{}}$$

(아세트알데히드)

① 요오드포름 반응은 아세틸기(CH_3CO-)를 지니는 물질에 염기 존재하에서 요오드와 반응하여 요오드포름(CHI_3)을 만드는 것이므로 생성물인 아세트알데히드는 요오드포름 반응을 한다.

② 아세트알데히드는 무색, 악취가 있는 액체이다.

③ 에스테르화 반응은 산 촉매하에서 카르복시산과 알코올이 축합반응으로 에스테르를 생성하는 것이다.

$$R-\overset{\displaystyle O}{\underset{}{C}}-\boxed{OH} \quad \boxed{H}O-R' \xrightarrow{\text{에스테르화}} R-\overset{\displaystyle O}{\underset{}{C}}-O-R'$$

카르복시산   알코올   에스테르

④ 산화되면 아세트산이 되고, 환원되면 에탄올이 된다.

$$H_3C-\overset{\displaystyle H}{\underset{\displaystyle H}{C}}-OH \xleftarrow{\text{환원}} H_3C-\overset{\displaystyle O}{\underset{}{C}}-H \xrightarrow{\text{산화}} H_3C-\overset{\displaystyle O}{\underset{}{C}}-OH$$

12 균일계 촉매는 촉매와 반응물이 동일상에 존재하며, 일반적으로 촉매의 반응성과 선택성은 좋지만 촉매의 회수 및 재사용이 어렵다. 그러나 고체 지지체 또는 고분자 등에 균일계 촉매를 고정화한 불균일계 촉매는 촉매의 회수와 재사용이 쉽다.

③ 금 촉매에 의한 과산화수소의 분해는 불균일계 촉매반응이며, 나머지 반응은 균일계 촉매반응이다.

정답 및 해설 10.④ 11.③ 12.③

13 폐수처리공정 중 화학적 산화에 쓰이는 산화제로 옳지 않은 것은?

① 탄산칼슘

② 염소

③ 과망간산칼륨

④ 오존

14 감광성 고분자에 이용되는 화학 반응과 설명을 옳게 짝지은 것은?

① 가교 – 분자량의 감소

② 응답 – 분자량의 증대 또는 가교

③ 중합 – 이성질화 등의 가역적인 구조 변화

④ 변성 – 분자 구조 일부의 비가역적 변화

15 〈보기〉의 반응을 통해 합성되는 열가소성 수지는?

① 폴리에스테르(polyester)

② 폴리카보네이트(polycarbonate)

③ 폴리아미드(polyamide)

④ 폴리페닐렌옥시드(polyphenyleneoxide)

13 ① 폐수에서 중금속 성분을 제거한 후에 탄산칼슘을 투입하여 석고로 만들어 처리한다.

② 염소처리는 폐수 속 유기물을 산화시키기 위하여 폐수 중에 염소를 가하는 것이다.

③ 폐수에 유기물이 많을수록 과망간산칼륨의 소비량이 증가되는데, 이는 과망간산칼륨이 유기물을 산화시키기 때문이다.

④ 폐수처리 시, 오존으로 산화시키기도 한다.

14 ① 가교 – 사슬모양 고분자의 사슬 사이를 화학결합으로 연결

② 응답 – 빛에 의해 가역적인 화학 구조 변화

③ 중합 – 화합물 분자가 2분자 이상이 결합하여 큰 분자가 되는 반응으로 분자량이 증가함

④ 변성 – 분자구조 일부의 비가역적 변화

15 ① 폴리에스테르 :

$n HOOC-C_6H_4-COOH$ + $n HO-CH_2-CH_2-OH$

테레프탈산   에틸렌글리콜

$\xrightarrow[-H_2O]{\text{축합 중합}}$ $\left[-CO-C_6H_4-CO-O-CH_2-CH_2-O-\right]_n$

폴리에스테르(테트론)

② 폴리카보네이트 :

③ 폴리아미드 :

$H_2N-R_1-NH_2$ + $HOOC-R_2-COOH$ $\xrightarrow{-H_2O}$ $-HN-R_1-NHOC-R_2-CONH$

디아민   2가산   폴리아미드

$-R_1-NHOC-R_2+CO-$

④ 폴리페닐렌옥시드 :

2,6-xylenol

3,5,3',5' 테트라메틸디페노퀴논은 반응부산물

13.①   **14.**④   **15.**②

16 질산의 성질과 용도에 관한 설명으로 가장 옳은 것은?

① 질산은 갈색의 액체로서 물과 임의의 비율로 혼합되고, 강산이면서 강력한 산화제이다.

② 산으로서 암모니아와 반응하여 질산암모늄을 생성하는데, 이것은 비료나 폭약의 원료가 된다.

③ 묽은 질산은 50~90% 수용액을 말한다.

④ 질산으로부터 만들어지는 질산나트륨은 염료나 로켓연료로 사용된다.

17 〈보기〉에서 설명하는 도료로 가장 옳은 것은?

〈보기〉
- 용제를 사용하지 않는 새로운 형의 도료이다.
- 에폭시수지, 아크릴수지 등의 열경화성 수지가 사용된다.
- 90~120℃에서 용융 혼련(混練)시킨 후 냉각 분쇄시켜 제조한다.
- 도료의 회수, 재사용이 가능하다.

① 분체도료   ② 주정도료

③ 유성도료   ④ 수성도료

18 〈보기〉의 반응에서 산화제로 작용하는 것은?

〈보기〉
$$Mg(s) + 2HCl(aq) \rightarrow MgCl_2(aq) + H_2(g)$$

① Mg^{2+} ② H^+

③ Cl^- ④ H_2

19 고정발생원에서 배출하는 배연 NO_x 제거기술 중 습식법에 해당하는 것은?

① 산화흡수환원   ② 전자선조사법

③ 선택법   ④ 흡착법

20 화학기상증착(CVD)의 장점 중 가장 옳지 않은 것은?

① 여러 가지의 화합물 박막의 조성조절이 용이하다.

② 증착된 물질이 매우 낮은 운동에너지를 가지는 저에너지 공정이다.

③ 단차피복성이 매우 우수하다.

④ 다양한 특성을 가지는 박막을 원하는 두께로 성장시킬 수 있다.

---

16 ① 질산은 무색의 액체로 물과 임의의 비율로 혼합되며, 강산이면서 강력한 산화제(남을 산화시키고 수소이온은 환원)이다.

② 산으로서 암모니아와 반응하면 질산암모늄을 생성($HNO_3 + NH_3 \rightarrow NH_4^+ + NO_3^- \rightarrow NH_4NO_3$)하고, 이것은 비료나 폭약의 원료가 된다.

③ 묽은질산은 보통 55~68% 수용액이다.

④ 질산으로부터 만들어지는 니트로셀룰로오스, 니트로글리세린 등은 염료나 로켓의 연료 등에 사용된다.

17 ① 분체도료는 용제를 사용하지 않고 고체성분의 분말형태로 정전기를 이용해 도장하는 도료로 에폭시수지, 아크릴수지 등의 열경화성수지가 사용된다.

② 주정도료는 천연도료로 수지를 알코올에 용해한 니스나 니스에 안료를 넣은 도료이다.

③ 유성도료는 천연유지성분에서 만들어진 도료로 옻, 유성페인트, 유성에나멜 등이 사용된다.

④ 수성도료는 물을 용제로 사용하는 도료로 에멀전계와 수용성 합성수지계로 나뉘며 휘발성유기화합물(VOC)방출을 크게 감소시키는 친환경 도료이다.

18 산화된 물질은 전자를 잃은 Mg이고 환원된 물질은 수소이온(H^+)이다. 산화제는 자신은 환원되고 남을 산화시키는 물질로 수소이온(H^+)이고 환원제는 자신은 산화되고 남을 환원시키는 물질로 Mg이다.

19 ① 산화흡수환원법은 산화, 흡수, 환원의 공정에서 용액을 사용하는 습식법으로 NOx와 SOx를 동시에 처리하는 방법이다.

② 전자선 조사법은 배기가스에 암모니아 등을 첨가한 후, 전자빔을 조사해 NOx를 고체상 입자로 포집한다.

③ 선택법은 NH_3를 환원제로 사용하는 공정으로 현재 널리 적용되는 방법이다.

④ 흡착법은 활성탄 공정으로 120~150℃에서 흡착 및 SCR(선택적 촉매환원) 반응이 일어나고 NOx와 SOx를 동시에 처리할 수 있다.

20 ② 화학기상증착은 증착된 물질이 화학반응으로 만들어지므로 비교적 큰 에너지를 필요로 하는 공정이다.

③ 화학기상증착은 표면에서 화학반응으로 박막을 형성시키므로 단차피복성이 매우 우수하다.

16.② 17.① 18.② 19.① 20.②

1 토양에 뿌려졌을 때 염기성을 나타내는 비료는?

① 황안

② 요소

③ 염화칼륨

④ 석회질소

2 생선의 유지를 경화유로 만드는 화학 반응은?

① 에스터화 반응

② 환원 반응

③ 산화 반응

④ 가수분해 반응

3 유지의 트라이글리세라이드를 구성하는 지방산 중 불포화 지방산인 것은?

① 라우르산(lauric acid)

② 팔미트산(palmitic acid)

③ 리놀레산(linoleic acid)

④ 스테아르산(stearic acid)

4 다음 화학 반응식에 해당하는 반응은?

$$CH_3COOCH_3 + H_2O \xrightarrow{\text{산 촉매}} CH_3COOH + CH_3OH$$

① 첨가 반응(addition reaction)
② 제거 반응(elimination reaction)
③ 치환 반응(substitution reaction)
④ 자리옮김 반응(rearrangement reaction)

5 가장 안정한 탄소양이온(carbocation)은?

① $(CH_3)_3C^+$
② $(CH_3)_2CH^+$
③ $CH_3CH_2^+$
④ CH_3^+

---

1 황안과 염화칼륨은 산성비료이며 요소는 중성비료, 석회질소는 염기성비료이다.

2 생선의 유지를 경화유로 만드는 반응은 수소첨가반응이며 수소의 첨가는 환원반응이다.

3 불포화지방산은 올레산, 리놀레산, 리놀렌산, 팔미트올레산 등이 있다.

4 $-CH_3$를 교환하였으므로 치환 반응이다.

5 탄소양이온의 안정성은 탄소의 차수가 클수록 크다.
따라서 안정성 순서는 $CH_3^+ < CH_3CH_2^+ < (CH_3)_2CH^+ < (CH_3)_3C^+$이다.(④<③<②<①)

정답 및 해설 1.④ 2.② 3.③ 4.③ 5.①

6 석유의 전화(conversion)에 대한 설명으로 옳지 않은 것은?

① 코킹(coking)을 통해 황, 질소, 산소를 각각 황화수소, 암모니아, 물로 전환한다.

② 알킬화(alkylation)를 통해 올레핀과 파라핀으로부터 고옥탄가의 가솔린을 만든다.

③ 고비점의 원료유를 촉매 하에 분해하여 고옥탄가의 가솔린을 제조하는 것을 접촉 분해(catalytic cracking)라 한다.

④ 촉매를 사용하여 직선 사슬 화합물과 지방족 고리 화합물을 탈수소하여 측쇄파라핀과 방향족 화합물을 만드는 것을 접촉개질(catalytic reforming)이라 한다.

7 방향족 작용기를 가진 아미노산으로 옳은 것만을 모두 고르면?

㉠ 시스테인(cysteine)
㉡ 페닐알라닌(phenylalanine)
㉢ 라이신(lysine)

① ㉠
② ㉡
③ ㉢
④ ㉠, ㉡, ㉢

8 다음 중 열경화성 고분자는?

① 폴리카보네이트(polycarbonate)
② 폴리프로필렌(polypropylene)
③ 나일론 6,6(nylon 6,6)
④ 페놀 수지(phenol resin)

6 ① 코킹은 잔유를 가혹한 조건에서 열분해하여 경유탄화수소와 코크스를 제조하는 방법이다.
② 알칼화는 올레핀과 파라핀으로 고옥탄가의 가솔린을 만드는 방법이다.
③ 고비점의 원료유를 촉매하에 분해하는 접촉분해법으로 고옥탄가의 가솔린을 만든다.
④ 촉매를 사용하여 직선사슬화합물과 지방족고리화합물을 탈수소하여 측쇄파라핀과 방향족화합물을 만드는 것을 접촉개질이라 한다.

7 방향족 아미노산에는 페닐알라닌, 타이로신( )OH), 트립토판 ( )OH)이 있다.

⊙ 시스테인 :

$$H_2N - CH - \overset{\overset{\displaystyle O}{\|}}{C} - OH$$
$$|$$
$$CH_2$$
$$|$$
$$SH$$

ⓛ 페닐알라닌 :

$$H_2N - CH - \overset{\overset{\displaystyle O}{\|}}{C} - OH$$
$$|$$
$$CH_2$$

ⓒ 라이신 : H_2N

8 열을 가하여 유연하게 되는 수지인 열가소성 수지에는 폴리카보네이트, 폴리에틸렌, 폴리염화비닐, 나일론, 폴리스티렌, ABS 수지, 아크릴수지 등이 있다. 액체에서 경화시켜 고체가 되면 가교된 상태가 되어 다시 열을 가하여도 부드러워지지 않는 수지를 열경화성 수지라고 하는데 페놀 수지, 요소 수지, 멜라민 수지 등이 있다.

정답 및 해설 6.① 7.② 8.④

2020. 6. 13. 제1회 지방직/제2회 서울특별시 시행 ┃ 177

9 메조 화합물(meso compound)을 가질 수 있는 분자는?

① 2-Chlorobutane

② 2,3-Dichlorobutane

③ 2-Bromo-3-chlorobutane

④ 2-Bromo-1-phenylheptane

10 벤젠으로부터 얻어지는 화합물과 이를 제조하기 위해 필요한 반응을 짝지은 것으로 옳지 않은 것은?

화합물	반응
① 페놀(phenol)	알킬화
② 스타이렌(styrene)	알킬화
③ 무수말레인산(maleic anhydride)	수소화
④ 아닐린(aniline)	니트로화

11 메테인(CH_4)을 라디칼 할로겐화 반응(radical halogenation)시킬 때 전파 단계(propagation step)에 해당하는 것은?

① $Cl_2 \rightarrow 2Cl\cdot$

② $CH_3\cdot + Cl\cdot \rightarrow CH_3Cl$

③ $CH_4 + Cl\cdot \rightarrow CH_3\cdot + HCl$

④ $CH_4 + Cl_2 \rightarrow CH_3Cl + HCl$

12 다음 반복단위를 갖는 고분자의 합성에 사용되는 단량체는?

$$\left[\overset{\overset{O}{\|}}{C} (CH_2)_6 \overset{\overset{O}{\|}}{C} - NH (CH_2)_6 NH \right]_n$$

① $H_2N(CH_2)_6NH_2$와 $Cl(CH_2)_8Cl$

② 와 $HO(CH_2)_6OH$

③ $HO(CH_2)_6OH$와 $ClC(CH_2)_6CCl$ (각 C에 =O)

④ $H_2N(CH_2)_6NH_2$와 $ClC(CH_2)_6CCl$ (각 C에 =O)

9 메조화합물은 두 개 이상의 키랄 중심이 있으나 분자 내에 대칭면을 가진 화합물이다. 메조 화합물의 거울상은 서로 포개질 수 있으므로 같은 화합물이며 광학 활성이 없는데, 메조화합물을 구분하려면 대칭성을 비교하면 된다.

① C−C−C−C : 대칭성 없음
         |
        Cl

② C−C−C−C : 대칭성 있음
       | |
      Cl Cl

③ C−C−C−C : 대칭성 없음
       | |
     Br Cl

④ (벤젠고리 구조) : 대칭성 없음
            Br

10 ① 큐멘법은 페놀을 합성할 수 있으며 이 공정은 벤젠의 알킬화, 큐멘의 산화 및 과산화물의 분해 공정, 페놀의 정제회수로 이루어진다.
② 에틸벤젠은 에틸렌과 벤젠을 혼합하여, 촉매 존재하에서 알킬화 반응을 거쳐 생산되고 이 에틸벤젠을 고온 기화시켜 탈수소화하여 스타이렌을 얻는다.
③ 무수말레인산은 벤젠을 산화시켜 얻는다. (무수말레인산을 수소화시키면 호박산이 생성됨)
④ 아닐린은 니트로벤젠을 환원시켜 얻는데, 이것은 니트로화 반응이다.

11 라디칼할로겐화 반응은 3단계 반응이다.
1) 개시: $Cl_2 \rightarrow 2Cl\cdot$
2) 전파: $CH_4 + Cl\cdot \rightarrow CH_3\cdot + HCl$
3) 종결: $CH_3\cdot + Cl\cdot \rightarrow CH_3Cl$

12 주어진 반복단위는 아마이드 결합으로 형성된 것으로 $\underset{-C-A}{\overset{O}{\|}}$ 와 $-NH_2$에서 HA가 빠져나오면서 결합된다.

① $\underset{-C-A}{\overset{O}{\|}}$ 부분이 존재하지 않는다.
② $-NH_2$ 부분이 존재하지 않는다.
③ $-NH_2$ 부분이 존재하지 않는다.
④ HA로 HCl이 빠져나오면서 아마이드 결합이 이루어진다.

정답 및 해설 9.② 10.③ 11.③ 12.④

13 용질 입자의 종류와는 무관하며, 용액 내 용질 입자의 수에 의해서만 결정되는 용액의 성질을 있는 대로 모두 고르면?

> ㉠ 삼투압   ㉡ 끓는점 오름
> ㉢ 증기압 내림   ㉣ 점도

① ㉠, ㉣
② ㉠, ㉡, ㉢
③ ㉠, ㉢, ㉣
④ ㉡, ㉢, ㉣

14 촉매에 대한 설명으로 옳지 않은 것은?

① 촉매는 반응 엔탈피를 변화시켜 반응을 빠르게 한다.
② 불균일계 촉매를 사용할 경우 반응 후 촉매와 생성물의 분리가 균일계 촉매에 비해 쉽다.
③ 이상적인 촉매의 경우 촉매 반응이 진행되는 동안 촉매의 질량은 바뀌지 않는다.
④ 평형상수가 일정한 가역반응에서 촉매에 의해 정반응 속도가 증가하면 역반응 속도도 증가한다.

15 이산화황으로부터 황산을 제조하는 연실식과 접촉식에 대한 설명으로 옳지 않은 것은?

① 연실식은 산화질소를 산화제로 사용한다.
② 연실식은 접촉식에 비해 제품의 농도가 낮고 불순물이 많다.
③ 접촉식에서는 생성된 삼산화황을 흡수탑에서 물에 흡수시켜 황산을 제조한다.
④ 삼산화황 제조를 위해 접촉식에서는 410~440℃에서 바나듐 촉매를 사용한다.

16 KOH를 전해질로 사용하는 수소 연료 전지에 대한 설명으로 옳지 않은 것은?

① 알짜반응의 반응 엔탈피는 0보다 작다.

② 산소 기체가 주입되는 환원전극에서 H_2O가 발생한다.

③ 관련된 알짜반응식은 $2H_2 + O_2 \rightarrow 2H_2O$이다.

④ 전해질의 OH^- 이온은 산화전극 쪽으로 이동한다.

---

13 용질 입자의 종류와는 무관하며, 용액 내 용질 입자의 수에 의해서만 결정되는 용액의 성질을 용액의 총괄성이라 하며 이에 해당하는 것은 삼투압(㉠), 끓는점 오름(㉡), 어는점 내림, 증기압 내림(㉢) 등이 있다.

14 ① 촉매는 반응엔탈피(반응열)과는 관련이 없으며 활성화 에너지를 변화시켜 반응속도에 영향을 준다.

15 ① 연실식은 산화질소를 촉매로 사용한다.
② 연실식은 접촉식에 비해 제품의 농도가 낮고 불순물이 많다.
③④ 접촉식은 고체 촉매인 오산화바나듐을 사용하여 삼산화황을 만든 후(410~440℃), 진한황산에 흡수킨다.

16 ①③ 알짜반응식은 $2H_2 + O_2 \rightarrow 2H_2O$이고 이 반응은 발열반응으로 반응엔탈피는 0보다 작다.
③④ 각 전극에서 반응은 다음과 같다.
  (+)극-산화전극 : $2H_2 + 4OH^- \rightarrow 4H_2O + 4e^-$
  (−)극-환원전극 : $O_2 + 2H_2O + 4e^- \rightarrow 4OH^-$
수소기체가 주입되는 산화전극에서 H_2O가 발생하고 전해질의 OH^- 이온은 환원전극에서 발생하여 산화전극으로 이동한다.

17 라임-소다(lime-soda) 공정의 단물화(softening)에 대한 설명으로 옳은 것만을 모두 고르면?

> ㉠ $Ca(OH)_2$와 Na_2CO_3가 사용된다.
> ㉡ Mg^{2+} 이온은 $Mg(OH)_2$로 침전된다.
> ㉢ 침전 유도 후 처리수의 pH는 중성이다.

① ㉠, ㉡
② ㉠, ㉢
③ ㉡, ㉢
④ ㉠, ㉡, ㉢

18 친핵성 치환반응(nucleophilic substitution reaction)에 대한 설명으로 옳은 것만을 모두 고르면?

> ㉠ 용매의 극성이 증가할수록 S_N1 반응의 반응속도는 감소한다.
> ㉡ S_N2 반응은 반응중간체(reaction intermediate)를 형성하는 두 단계로 이루어진다.
> ㉢ CH_3Br은 $(CH_3)_3CBr$에 비해 S_N2 반응이 일어나기 쉽다.

① ㉠   ② ㉡
③ ㉢   ④ ㉠, ㉡

19 단량체($HO-(CH_2)_3-NCO$)를 중합하여 고분자를 만든다. 전환율 0.98에 도달하였을 때, 생성물의 수평균 분자량(M_n)[$g\ mol^{-1}$]과 다분산 지수(polydispersity index, PDI)로 옳은 것은? (단, 수소, 탄소, 질소, 산소의 원자량은 각각 1, 12, 14, 16 $g\ mol^{-1}$이다)

	$\underline{M_n}$	$\underline{PDI}$
①	5,050	1.49
②	5,050	1.98
③	9,999	1.49
④	9,999	1.98

20 유화(emulsification)에 대한 설명으로 옳지 않은 것은?

① 온도에 의해 유화의 안정성이 달라질 수 있다.

② 계면 활성제는 계면장력을 높이기 때문에 유화제로 사용된다.

③ 유화제의 HLB(hydrophile-lipophile balance)에 따라 물과 기름과의 상관관계가 달라지게 된다.

④ 한 액체가 작은 액적의 형태로 다른 액체에 분산되어 있는 상태를 말한다.

---

17 ㉠ $Ca(OH)_2$와 Na_2CO_3를 사용하여 칼슘 이온과 마그네슘 이온을 $CaCO_3$, $Mg(OH)_2$로 침전시킨다.

㉡ Mg^{2+} 이온은 $Mg(OH)_2$로 침전시킨다.

㉢ 침전 유도 후, 처리 수는 염기성이다. (HCO_3^- 가 CO_3^{2-} 가 되므로 염기도가 감소하는 듯하나, $Mg(OH)_2$를 침전시키기 위한 OH^-를 넣어 pH를 염기성으로 유지함)

18 ㉠ 친핵성 치환반응에서 극성이 커지면 S_N1 반응의 반응속도는 증가한다.

㉡ S_N1 반응에서는 반응중간체로 탄소양이온이 형성되며 탄소양이온에 친핵체가 공격하여 결합이 형성된 후, 탈양성자 반응으로 반응이 종결된다.

㉢ S_N2 반응에서 기질 반응성 순서는 탄소의 차수가 높을수록 작아진다. 따라서 CH_3Br 은 $(CH_3)_3CBr$ 에 비해 S_N2 반응이 일어나기 쉽다.

19 단량체의 분자량은 $101(=1 \times 7 + 2 \times 16 + 12 \times 4 + 14)$이다. 수평균 분자량($M_n$)은 다음의 식으로 구한다.

$$M_n = \frac{M}{1-P} = \frac{101}{1-0.98} = \frac{101}{0.02} = 5050$$

다분산지수(PDI)는 다음의 식으로 구한다.

$$PDI = 1 + P = 1 + 0.98 = 1.98$$

20 ② 계면활성제는 계면장력을 낮추기 때문에 유화제로 사용된다.

정답 및 해설 17.① 18.③ 19.② 20.②

2020. 6. 13. 제1회 지방직/제2회 서울특별시 시행 ‖ 183

1 삼브로민화 붕소(BBr_3)에 대한 설명으로 옳은 것은?

① 브뢴스테드−로우리 산이다.

② 루이스 산이다.

③ 브뢴스테드−로우리 염기이다.

④ 루이스 염기이다.

2 축합 중합(condensation polymerization)이 주된 합성법이 아닌 것은?

① 폴리아마이드(polyamide)

② 폴리이미드(polyimide)

③ 페놀−포름알데히드 수지(phenol−formaldehyde resin)

④ 폴리올레핀(polyolefin)

3 이차전지만을 모두 고르면?

> ㉠ 니켈−카드뮴 전지
> ㉡ 리튬−산화망간 전지
> ㉢ 수은−아연 전지

① ㉠, ㉡

② ㉠, ㉢

③ ㉡, ㉢

④ ㉠, ㉡, ㉢

4 다음 반응에서 얻어지는 고분자의 종류는?

$$\text{HOOC} - \text{[벤젠고리]} - \text{COOH} + \text{HOCH}_2\text{CH}_2\text{OH} \xrightarrow[\triangle]{-\text{H}_2\text{O}}$$

① 폴리아마이드(polyamide)

② 폴리카보네이트(polycarbonate)

③ 폴리에스터(polyester)

④ 폴리우레탄(polyurethane)

---

1 ① 양성자(H^+)를 내놓을 수 없으므로 브뢴스테드-로우리 산이 될 수 없다.
② 중심 원자인 B가 비공유 전자쌍을 받을 수 있으므로 루이스 산이 될 수 있다.
③ 양성자(H^+)를 받을 수 없으므로 브뢴스테드-로우리 염기가 될 수 없다.
④ 비공유 전자쌍을 제공할 수 없으므로 루이스 염기가 될 수 없다.

2 폴리올레핀은 에틸렌과 프로필렌 등의 이중결합을 가진 올레핀을 첨가중합하여 만든다.

3 이차전지는 니켈-카드뮴 전지(㉠), 납축전지, 리튬-산화망간 전지(㉡) 등이 있으며, 수은-아연 전지(㉢)는 일차전지이다.

4 ① 폴리아마이드 – 아미드 결합인 –CONH–로 연결된 중합체

poly(m-phenylene isophthalamide)
(Nomex)

poly(p-phenylene terephthalamide)
(Kevlar)

② 폴리카보네이트 :

③ 폴리에스터 :

④ 폴리우레탄 :

정답 및 해설 1.② 2.④ 3.① 4.③

5 다음 반응의 주생성물(major product) A는?

$$CH_3CH_2CH_2CH_2Br + (CH_3)_3CO^-K^+ \rightarrow A$$

① $CH_3CH_2CH=CH_2$

② $CH_3CH_2CH_2CH_2OC(CH_3)_3$

③ $CH_3CH=CHCH_3$

④ $CH_3CH=CHCH_2OC(CH_3)_3$

6 합성가스를 이용한 메탄올의 공업적 합성에 대한 설명으로 옳지 않은 것은?

① 반응물은 일산화탄소(CO)와 수소(H_2)이다.

② 이 반응은 발열반응이다.

③ 디메틸에테르(CH_3OCH_3)가 부산물(byproduct)로 생성될 수 있다.

④ 상온, 상압에서 H_3PO_4/SiO_2를 사용하여 합성한다.

7 헤미셀룰로오스(hemicellulose)의 구성 성분 중 5탄당(pentose)으로만 묶은 것은?

① 만노오스(mannose), 글루코오스(glucose)

② 갈락토오스(galactose), 아라비노오스(arabinose)

③ 만노오스(mannose), 갈락토오스(galactose)

④ 자일로오스(xylose), 아라비노오스(arabinose)

8 음이온과 양이온을 모두 함유한 양쪽성(zwitterion) 계면활성제가 주생성물로 얻어지는 반응은? (단, R는 소수성 알킬기이다)

① $RN(CH_3)_2 + CH_3Cl$ $\longrightarrow$

② $RN(CH_3)_2 + ClCH_2COONa$ $\longrightarrow$

③ $RCOOH + HO(CH_2CH_2O)_nH$ $\xrightarrow{H_2SO_4}$

④ $RO(CH_2CH_2O)_nSO_3H$ $\xrightarrow{NaOH}$

---

5 1차 탄소를 가진 할로젠화물과 친핵체의 반응에서 E_2 반응이 주로 일어나고 이때, β 탄소에서 수소 제거반응이 일어난다. 따라서 주 생성물은 $CH_3CH_2CH = CH_2$ 이다.

1단계	$CH_3CH_2CH_2CH_2Br \rightarrow CH_3CH_2CH_2CH_2\cdot + Br^-$
2단계	H $ \rightarrow CH_3CH_2CH = CH_2 \ + \ H^+$ │ $CH_3CH_2CHCH_2$

6 일산화탄소와 수소로 구성된 합성가스를 촉매에서 반응시켜 메탄올로 만든다.
① $CO + 2H_2 \rightarrow CH_3OH$
④ 촉매로는 ZnO/Cr_2O_3, ZnO/Cu 가 사용된다.

7 헤미셀룰로오스 구성 성분 중 오탄당에는 자일로우스, 아라비노오스, 리보스, 디옥시리보스가 있다. (만노오스, 글루코오스, 갈락토오스는 육탄당)

8 ① 암모늄으로 인해 수용액에서 양이온이 형성되므로 양이온성이다.
② 수용액에서 암모늄으로 인해 양이온, 카복실기로 인해 음이온이 형성되므로 양쪽성이다.
③ 폴리에틸렌글리콜이 형성되므로 비이온성이다.
④ 술폰산기로 인해 수용액에서 음이온이 형성되므로 음이온성이다.

정답 및 해설 5.① 6.④ 7.④ 8.②

9 격자 에너지(lattice energy)는 고체 이온결합 화합물 1몰을 기체 이온으로 완전히 분리시키는 데 필요한 에너지이다. 격자 에너지가 가장 큰 것은?

① MgO

② MgS

③ NaF

④ NaCl

10 응집침전법에 사용하는 응집보조제가 아닌 것은?

① $Ca(OH)_2$

② Na_2CO_3

③ NaOH

④ $FeCl_3$

11 비스페놀 A를 원료로 사용하지 않는 고분자는?

① 폴리카보네이트(polycarbonate)

② 폴리아릴레이트(polyarylate)

③ ABS 수지(ABS resin)

④ 에폭시 수지(epoxy resin)

12 소금물의 전기 분해 생성물이 아닌 것은?

① 염소(Cl_2)

② 수소(H_2)

③ 수산화 소듐(NaOH)

④ 과산화수소(H_2O_2)

13 반도체 소자 제조공정에서 도판트(dopant)를 주입하는 공정은?

① 식각(etching)

② 확산(diffusion)

③ 세척(washing)

④ 산화(oxidation)

---

9 이온결합물질의 격자에너지는 이온결합에너지에 비례하는데 이온결합에너지는 이온결합력과 비례한다. 이온결합력은 전하량의 곱에 비례하고 이 값이 같을 경우, 이온 사이의 거리의 제곱에 반비례한다. 따라서 격자에너지는 $MgO > MgS > NaF > NaCl$이다.

10 응집침전법에 사용되는 응집보조제는 $Ca(OH)_2$, Na_2CO_3, NaOH, CaO 등이다. $FeCl_3$는 응집제이다.

11 ① 비스페놀 A로 만든 열가소성플라스틱은 폴리카보네이트이다.
② 폴리아릴레이트는 프탈산 또는 이소프탈산과 비스페놀 A로 합성하여 만든다.
③ ABS수지는 스타이렌, 아크릴로나이트릴, 뷰타다이엔으로 이루어진 수지이다.
④ 에폭시수지는 비스페놀 A와 에피클로로히드린을 중합하여 만든다.

12 소금물의 전기분해 반응식은 다음과 같다.
$2NaCl(aq) + 2H_2O(l) \rightarrow 2Na+(aq) + 2OH^-(aq) + H_2(g) + Cl_2(g)$

13 불순물 도핑과정은 확산과 이온주입이 있다. 확산공정에서 도펀트 원자를 고온에서 원하는 위치에 황산을 이용하여 주입하는 것이며 이온주입은 전하를 띤 입자를 기판에 직접 주입하는 것이다.

정답 및 해설 9.① 10.④ 11.③ 12.④ 13.②

14 탄화수소 C_4H_8의 구조 및 기하 이성질체의 총 개수는?

① 4개

② 5개

③ 6개

④ 7개

15 전이금속 화합물 $[Co(en)_2Cl_2]Cl$에서 중심 금속인 코발트(Co)의 배위수와 산화수를 옳게 짝지은 것은? (단, en = 1,2-ethylenediamine)

	Co 배위수	Co 산화수
①	4	+2
②	4	+3
③	6	+2
④	6	+3

16 올레핀 중합공정에 대한 설명으로 옳지 않은 것은?

① 지글러-나타 촉매(Ziegler-Natta catalyst)를 이용하여 에틸렌으로부터 폴리에틸렌을 만들 수 있다.

② 메탈로센 촉매(Metallocene catalyst)는 폴리프로필렌의 합성에 사용할 수 없다.

③ 크롬계 촉매를 이용하여 고밀도 폴리에틸렌을 만들 수 있다.

④ 고온, 고압 조건에서 에틸렌을 중합하면 저밀도 폴리에틸렌을 만들 수 있다.

17 C_4 올레핀을 주원료로 하는 석유 화학 제품은?

① 뷰테인-1,4-다이올(butane-1,4-diol)

② 아이소프로필알코올(isopropyl alcohol)

③ 폴리아크릴로나이트릴(polyacrylonitrile)

④ 펜타에리트리톨(pentaerythritol)

14 $C = C - C - C$

$C - C = C - C$ ($-CH_3$, $-H$에 따라 cis $-$, trans 가능)

$C = C - C$
$\quad\quad\;\;|$
$\quad\quad\;\;C$

$C - C$
$|\quad\;\;|$
$C - C$
$\;\;\;CH_3$

△

15 en은 두 자리를 차지하고 Cl은 한 자리씩을 차지하여 배위수는 6이 된다. 또한 산화수는 $[Co(en)_2Cl_2]^+$의 산화수가 +1이고 Cl의 산화수는 -1, en의 산화수는 0이므로 Co의 산화수는 +3이다.

16 ① 지글러-나타 촉매는 폴리에틸렌 중합에 사용된다.
② 메탈로센은 폴리프로필렌(PP), 폴리에스테르(PE) 등 폴리올레핀을 생성하는 촉매이다.
③ 지글러-나타 촉매 혹은 크롬계 촉매를 사용하여 고밀도 폴리에틸렌을 합성할 수 있다.
④ 과산화물개시제를 사용하여 고온, 고압 조건에서 에틸렌을 중합하면 저밀도 폴리에틸렌을 얻을 수 있다.

17 ① HO⌇⌇⌇⌇OH : 부타다이엔을 첨가반응시켜 얻음

② ⌇OH⌇ : 프로필렌을 황산에 흡수시킨 후, 증류하여 얻음

③ $+CH_2 - CH \dfrac{}{} n$: 아크롤로니트릴을 프로필렌과 암모니아를 원료로 제조하고 이를 중합하여 얻음
$\quad\quad\quad\quad\;\;|$
$\quad\quad\quad\quad\;\;C \equiv N$

④ HO⌇⌇OH : 1분자의 아세트알데히드와 4분자의 포름알데히드가 알칼리촉매(수산화나트륨 또는 수산화칼륨)에 의해
$\;$HO⌇⌇OH
반응하여 만들어짐

정답 및 해설 14.③ 15.④ 16.② 17.①

18 탄소(C)가 친핵성인 화합물은?

① CH_3MgCl

② CH_3NH_2

③ $O = CH_2$

④ CH_3Cl

19 DNA로부터 단백질이 형성되는 과정에 대한 설명으로 옳은 것만을 모두 고르면?

> ㉠ DNA로부터 전령 RNA(mRNA)가 형성되는 과정을 번역(translation)이라 한다.
> ㉡ 생성된 mRNA의 염기서열이 C－G－G라면, 해당 주형 DNA의 염기서열은 G－C－C이다. (G : 구아닌, C : 사이토신)
> ㉢ 코돈에 의해 아미노산의 종류가 정해진다.
> ㉣ 세포의 핵 내부에서 mRNA와 리보솜(ribosome)에 의해 단백질이 합성된다.

① ㉠, ㉢

② ㉠, ㉣

③ ㉡, ㉢

④ ㉡, ㉣

20 $[\mathrm{Ni(en)_3}]^{2+}$ 의 생성 평형상수(K_1)가 $[\mathrm{Ni(NH_3)_6}]^{2+}$ 의 생성 평형상수(K_2)보다 10^{10} 배만큼 더 크다. 이 차이를 설명할 수 있는 가장 적절한 효과는? (단, $\mathrm{en} = 1{,}2-\mathrm{ethylenediamine}$)

$$\mathrm{Ni}^{2+}(aq) + 3\mathrm{en}(aq) \rightleftharpoons [\mathrm{Ni(en)_3}]^{2+}(aq)$$

$$K_1 = \frac{[[\mathrm{Ni(en)_3}]^{2+}]}{[\mathrm{Ni}^{2+}][\mathrm{en}]^3}$$

$$\mathrm{Ni}^{2+}(aq) + 6\mathrm{NH_3}(aq) \rightleftharpoons [\mathrm{Ni(NH_3)_6}]^{2+}(aq)$$

$$K_2 = \frac{[[\mathrm{Ni(NH_3)_6}]^{2+}]}{[\mathrm{Ni}^{2+}][\mathrm{NH_3}]^6}$$

① 결정장 효과(crystal field effect)

② 킬레이트 효과(chelate effect)

③ 얀텔러 효과(Jahn-Teller effect)

④ 틴들 효과(Tyndall effect)

18 $\mathrm{CH_3MgCl}$에서 Mg는 2+, Cl은 −1의 산화수를 가지므로 이때의 탄소는 −1의 산화수를 가지게 된다. 따라서 $\mathrm{CH_3MgCl}$의 탄소는 핵을 좋아하는 친핵성이다.

19 ㉠ DNA로부터 mRNA가 형성되는 것을 전사라 한다.
　㉡ 생성된 mRNA의 염기서열이 CGG라면, 해당 주형 DNA의 염기서열은 GCC이다.
　㉢ 코돈에 의해 아미노산의 종류가 정해진다.
　㉣ 세포질에서(핵 외부) rRNA와 리보솜에 의해 단백질이 합성된다.

20 ① 결정장 효과는 리간드와 금속 이온의 정전기적 상호작용으로 착이온을 형성하는 중심금속이온의 d 오비탈 에너지 변화가 변화하는 것이다.
　② 킬레이트 화합물은 킬레이트를 형성하지 않는 화합물보다 더 안정하기 때문에 평형상수가 더 크다.
　③ 얀텔레 효과는 특정 조건일 때, 비선형 분자 구조가 일그러지는 것을 말한다.
　④ 틴들 효과는 가시광선의 파장과 비슷한 미립자가 분산된 상태에서 빛을 비추면 빛이 산란되어 통로가 생기는 것이다.

정답 및 해설 18.① 19.③ 20.②

1 암모니아를 원료로 사용하여 제조되는 합성질소 비료는?

① 황안

② 용성인비

③ 황산칼륨

④ 과인산석회

2 유지 1g을 완전히 비누화시키는 데 필요한 수산화칼륨(KOH)의 양(mg수)으로 표현되는 유지의 화학적 특성 지표는?

① 산가(acid value)

② 용해도(solubility)

③ 요오드가(iodine value)

④ 비누화가(saponification value)

3 1차 아민(primary amine)은?

① CH_3CHCH_2NH2
    $|$
    CH_3

② $CH_3NHCH_2CH_3$

③ $(CH_3CH2)_2NH$

④ $(CH_3CH_2)_3N$

1 ① 황안(황산암모늄 : $(NH_4)_2SO_4$)은 질소 비료로 암모니아를 원료로 제조한다.

② 용성인비는 인산질 비료로 인광석을 가열하여 제조한다.

③ 황산칼륨(K_2SO_4)은 칼륨질 비료이다.

④ 과인산석회는 인산칼슘과 석고의 혼합물($CaSO_4 \cdot 2H_2O$)로 인광석에 황산을 반응시켜 제조하는 인산질 비료이다.

2 ① 산가는 시료 1g에 함유된 유리지방산을 중화하는데 필요한 수산화칼륨의 mg수이다.

② 용해도는 일정한 온도에서 일정량의 용매에 녹는 용질의 최대량을 말한다. 보통 용매 100g에 녹을 수 있는 용질을 그램수로 나타낸다.

(예 : 물에 대한 A의 용해도가 25이면 해당 온도에서 물 100g에 최대로 녹을 수 있는 용질 A의 양이 25g임)

③ 요오드가는 시료 100g에 흡수되는 요오드의 g수로, 유지를 구성하고 있는 지방산의 불포화도를 나타낸다.(흡수가 많으면 불포화도가 높음)

④ 비누화가는 시료 1g을 비누화하는데 필요한 수산화칼륨의 mg수로 유지를 구성하는 지방산의 분자량과 관련이 있다.

3 N에 붙어 있는 알킬기의 수에 따라 1차, 2차, 3차 아민이라고 한다.

①
```
     H   H       H
     |   |      /
 H − C − C − N       ⟹   1차 아민
     |   |      \
     H  CH₃      H
```

②
```
     H   H   H   H
     |   |   |   |
 H − C − N − C − C − H   ⟹   2차 아민
     |       |   |
     H       H   H
```

③
```
     H   H   H   H   H
     |   |   |   |   |
 H − C − C − N − C − C − H   ⟹   2차 아민
     |   |       |   |
     H   H       H   H
```

④
```
        CH₃
         |
  H₃C − N − CH₃   ⟹   3차 아민
```

정답 및 해설 1.① 2.④ 3.①

4 석유의 접촉분해 공정에서 일어나는 반응이 아닌 것은?

① 고리화

② 베타(β) – 절단

③ 이성질화

④ 라디칼 생성

5 열가소성 수지에 대한 설명으로 옳은 것은?

① 열경화성 수지에 비해 더 많은 가교결합이 있다.

② 가열에 의해 경화반응이 일어난다.

③ 멜라민 – 폼알데하이드는 열가소성 수지이다.

④ 열가소성 수지는 주로 사출성형에 의해 제조된다.

6 제올라이트의 일반적인 응용 분야가 아닌 것은?

① 촉매

② 윤활제

③ 건조제

④ 이온교환

7 질소산화물 제거공정 중 선택적 비촉매 환원법(SNCR)에서 사용하는 것으로만 묶은 것은?

① 제올라이트, 요소

② 제올라이트, 실리카겔

③ 암모니아, 요소

④ 암모니아, 실리카겔

4 석유의 접촉분해 공정은 여러 촉매를 이용하여 분해하는 방법으로 탈수소화, 고리화, 이성질화, β−절단(탈알킬화)가 일어난다. 열과 압력을 가해 분해하는 열분해 공정에서 자유라디칼 연쇄 반응이 일어난다.

5 열가소성 수지는 열을 가하여 성형한 후에 다시 열을 가해 형태를 변형할 수 있는 수지이다. 열경화성 수지는 열을 가해 모양을 만든 후에 다시 열을 가해 형태를 변형할 수 없는 수지이다.
① 열경화성 수지는 고분자 화합물이 그물 모양으로 결합된 가교결합이 많다.
② 열경화성 수지는 가열하면 경화반응이 일어난다.
③ 멜라민−폼알데하이드 수지는 열경화성 수지이다.
④ 열가소성 수지는 주로 압출성형, 사출성형에 의해 제조된다.

6 제올라이트는 이온교환을 할 수 있어 세제 첨가제로 사용된다. 또 촉매, 흡착제, 탈수제, 건조제로 사용된다.
② 윤활제로 사용되는 것은 지방산에스테르이다.

7 질소산화물 제거공정 중 선택적 비촉매 환원법(SNCR)은 암모니아(NH_3)나 요소를 이용하여 NO_x를 제거한다.

정답 및 해설   4.④ 5.④ 6.② 7.③

8 다음 화학기상증착법에 의한 박막성장의 단계를 진행 순서대로 바르게 나열한 것은?

> ㉠ 표면에서 반응물의 흡착
> ㉡ 표면에서 화학종의 이동
> ㉢ 표면으로 반응물의 이동
> ㉣ 경계층 밖으로 부생성물의 확산
> ㉤ 표면으로부터 부생성물의 탈착

① ㉠→㉡→㉢→㉣→㉤
② ㉡→㉠→㉣→㉢→㉤
③ ㉢→㉠→㉡→㉤→㉣
④ ㉢→㉡→㉠→㉤→㉣

9 금속의 부식에 대한 설명으로 옳지 않은 것은?

① 금속의 부식과정에서 일어나는 전기화학적 반응의 깁스에너지 변화(ΔG)는 0보다 작다.
② 불균일부식에서는 단위표면적당 무게감량을 측정하여 부식속도를 나타낼 수 있다.
③ 부식이란 금속이 외부환경과의 전기화학적 반응에 의하여 열화되는 과정이다.
④ 부식이 일어나는 물질은 산화전극 역할을 한다.

10 미생물의 회분식 생장곡선에서 나타나는 다음 단계를 시간 순서대로 나열했을 때, 세 번째 단계는?

> ㉠ 지수생장기(exponential growth phase)
> ㉡ 지연기(lag phase)
> ㉢ 감속기(deceleration growth phase)
> ㉣ 정지기(stationary phase)

① ㉠   ② ㉡
③ ㉢   ④ ㉣

8 화학기상증착법(CVD : Chemical Vapor Deposition)에서 박막성장의 단계는 ㉢ 표면으로 반응물의 이동 → ㉠ 표면에서 반응물의 흡착 → ㉡ 표면에서 화학종의 이동 → ㉤ 표면으로부터 부생성물의 탈착 → ㉣ 경계층 밖으로 부생성물의 확산으로 이루어진다.

9 ① 금속의 부식과정은 전자를 잃는 반응으로 전기화학적 반응의 깁스에너지 변화($\triangle G$)는 0보다 작은 자발적 반응이다.
   ② 균일부식에서는 일정시간 동안 단위표면적당 무게감량을 측정하여 부식속도를 나타낼 수 있다.
   ③ 부식이란 금속이 외부환경과의 반응으로 산소, 물과 반응하여 산화막이 형성되는 과정으로 전기화학적 반응에 의하여 열화되는 과정이다.
   ④ 부식이 일어나는 물질은 전자를 잃는 반응이 일어나므로 산화전극역할을 한다.

10 미생물의 회분식 생장곡선에서의 단계를 나열하면 지연기 → 가속생장기 → 지수생장기 → 감속생장기 → 정지기 → 사멸기이다. 주어진 보기에서의 단계를 시간 순서대로 나타내면 ㉡ 지연기 → ㉠ 지수생장기 → ㉢ 감속기 → ㉣ 정지기이다.

11 생물공정에서 사용하는 막(membrane) 분리 공정 중 농도 차이를 주요 구동력으로 하는 것은?

① 투석법(dialysis)

② 마이크로여과법(microfiltration)

③ 역삼투압법(reverse osmosis)

④ 초미세여과법(ultrafiltration)

12 부가 사슬 중합으로 중합된 고분자는?

① 노볼락(novolak)

② 폴리에스터(polyester)

③ 나일론 6(nylon 6)

④ 폴리염화바이닐(polyvinyl chloride)

13 프로필렌(propylene, $CH_3-CH=CH_2$)과 염산의 첨가 반응이 탄소 양이온 형성을 통해 진행할 때, 생성되는 주생성물은?

① $CH_3-CHCl-CH_3$

② $CH_3-CH_2-CH_2Cl$

③ $CH_2Cl-CH=CH_2$

④ $CH_3-CH=CHCl$

11 막을 통과하는 입자의 크기를 이용한 분리공정은 미세여과법, 역삼투압법, 마이크로여과법(한외여과법) 등이 있다. 또 막을 사이에 두고 확산속도의 차이를 이용한 분리공정은 기체투과, 투과증발, 투석 등이 있다.

① 투석법은 작은 분자량을 가진 용질이 낮은 농도로 확산하도록 하여 분리하는 선택적 분리 방법이다.

② 마이크로여과법은 용질의 크기가 $0.1 \sim 10\mu m$ 정도인 용질을 분리하는 방법이다.

③ 역삼투압법은 용질의 농도가 낮은 쪽에 삼투압보다 높은 압력을 가해 용매를 용질의 농도 쪽으로 보내 분리하는 방법이다.

④ 초미세여과법은 입자의 크기가 $1nm \sim 0.1\mu m$ 정도인 물질을 분리하는 방법이다.

12

① 노볼락수지(
)는 페놀수지의 일종으로 페놀과 포름알데히드를 산촉매하에서 축합중합하여 만드는 고

분자이다.

② 폴리에스터는 에스터결합($-COOR-$)으로 이루어진 고분자로 알코올과 카복실산의 축합중합으로 만들어진다.

③ 나일론 6은 ε - 카프로락탐의 개환중합으로 만들어진다.

④ 폴리염화바이닐은 에틸렌에서 수소 원자 하나가 염소로 치환된 염화비닐의 중합체로 부가 사슬 중합반응으로 얻는다.

13 마르코브니코프(Markovnikov) 법칙에 따라 탄소양이온의 안정성은 탄소의 차수가 클수록 크다. 따라서 앞에서부터 두 번째 탄소 원자에 탄소양이온이 생성되는 것이 더 안정하다. 할로젠과 첨가반응을 하게 되면 결합하고 있는 수가 적은 쪽인 두 번째 탄소 원자에 할로젠이 첨가된다. 따라서 프로필렌과 염산의 첨가반응에서 주생성물은 $CH_3 - CHCl - CH_3$이고 부생성물은 $CH_3 - CH_2 - CH_2Cl$이다.

정답 및 해설 11.① 12.④ 13.①

14 다음 화합물을 정상 끓는점이 낮은 것부터 순서대로 바르게 나열한 것은?

① ㉠ < ㉡ < ㉢
② ㉡ < ㉠ < ㉢
③ ㉡ < ㉢ < ㉠
④ ㉢ < ㉡ < ㉠

15 다음 반응에서 얻어지는 최종 생성물은?

①

②

③

④

16 수소의 제법이 아닌 것은?

① 코크스와 물의 반응

② 산화철(Fe_2O_3)과 물의 반응

③ 메테인(CH_4)과 물의 반응

④ 물의 전기분해

---

14 알코올은 분자식이 같을 경우, 끓는점은 1차 알코올 > 2차 알코올 > 3차 알코올이다. 알코올의 차수가 같을 경우, 탄소수가 많을수록 분자량이 커지고 분자량이 커질수록 분산력이 커져 끓는점이 높아진다. 주어진 물질은 모두 1차 알코올이므로 끓는 점은 ⓒ이 가장 낮다. ⊙과 ⓒ은 알코올의 차수가 같고 분자량도 같으므로 표면적이 클수록 분산력이 커져 끓는점이 높아진다. 따라서 끓는점은 ⊙ > ⓒ > ⓒ이다.

15 아실기($R-C-$, O, $\|$)가 도입되는 반응을 아실화 반응이라고 하는데, 반응에서 아실기는 고리화합물에 도입된다. 따라서 반응은 다음과 같다.

16 ① 코크스와 물의 반응 : $C + H_2O \rightarrow CO + H_2$

② 산화철(Fe_2O_3)과 물의 반응 : $Fe_2O_3 + 3H_2O \rightarrow 2Fe(OH)_3$

③ 메테인(CH_4)과 물의 반응 : $CH_4 + H_2O \rightarrow CO + 3H_2$

④ 물의 전기 분해 : $2H_2O \rightarrow 2H_2 + O_2$

정답 및 해설 14.④ 15.④ 16.②

17 다음 반응에서 얻어지는 최종 생성물 ⓛ은?

$$\bigcirc + H_2C=CH_2 \xrightarrow{AlCl_3-HCl} \bigcirc \xrightarrow[600\sim660\ ℃]{Fe_2O_3-CrO_3} \bigcirc + H_2$$

① 에틸벤젠(ethyl benzene)

② 스타이렌(styrene)

③ 톨루엔(toluene)

④ 자일렌(xylene)

18 지글러−나타(Ziegler−Natta) 촉매에 대한 설명으로 옳지 않은 것은?

① 유기금속 복합물로 전형적인 촉매는 $TiCl_4$와 $(CH_3CH_2)_3Al$을 반응시켜 만들 수 있다.

② 지글러−나타 촉매로 에틸렌을 중합하면 고밀도 폴리에틸렌(HDPE)을 얻을 수 있다.

③ 중간체로 라디칼이 생성되며 곁사슬 생성을 위한 분자 간 수소 이동이 일어나기 쉽다.

④ 불균일계 촉매뿐만 아니라 균일계 촉매로도 개발된다.

19 리그닌, 헤미셀룰로오스, 펙틴, 지방산, 로진 등 다른 물질들과 결합하고 있는 탄수화물로서 식물 세포벽을 만드는 주요 물질은?

① 셀룰로오스(cellulose)

② 수크로오스(sucrose)

③ 전분(starch)

④ 검(gum)

20 활성점 상실을 일으켜 촉매를 비활성화하는 화학적 현상은?

① 파울링(fouling)

② 상변화

③ 소결(sintering)

④ 피독(poisoning)

17 ①②주어진 반응은 벤젠이 에틸렌과 반응하여 에틸벤젠이 되고 금속산화물 촉매 하에서 탈수소 반응하여 스타이렌이 만들어

지는 반응이다. 그러므로 ㉠은 에틸벤젠( )이고 ㉡은 스타이렌( )이다.

③ 톨루엔은 벤젠과 염화메틸의 반응으로 만들어진다.

④ 자일렌은 톨루엔을 고온 고압에서 복분해를 진행시켜서 벤젠과 자일렌을 얻는 방법이 있다.

18 ① 지글러-나타(Ziegler-Natta) 촉매는 유기금속 복합물로 $TiCl_4$와 $(CH_3CH_2)_3Al$을 반응시켜 만든다.
② 지글러-나타(Ziegler-Natta) 촉매를 이용하면 가지가 없는 고분자를 만들 수 있다. 따라서 에틸렌을 중합하면 고밀도 폴리에틸렌(HDPE)을 얻을 수 있다.
③ 지글러-나타(Ziegler-Natta) 촉매는 반응 중간체로 라디칼을 형상하지 않으므로 분자 간 수소 이동이 일어나지 않는다 (라디칼 중합에서 연쇄 반응 시 소소의 이동이 일어남).
④ 지글러-나타(Ziegler-Natta) 촉매는 균일계, 불균일계 촉매 모두 개발된다.

19 ① 셀룰로오스는 β-포도당이 결합한 고분자로 식물의 세포벽을 만드는 물질이다.
② 수크로오스(설탕)은 포도당과 과당이 결합한 이당류이다.
③ 전분(녹말)은 α-포도당이 결합한 고분자이다.
④ 검(고무질)은 식물에서 분비되는 다당류이고 식물이 상처를 입은 부분에서 분비하는 대사 산물로 물에 녹이면 산성의 끈적한 액이 된다.

20 ① 파울링은 막여과에서 오염물질로 인해 막이 막히는 것을 말한다.
② 상변화는 온도, 압력 등의 조건에 따라 다른 상태로 변화하는 것을 말한다.
③ 소결은 분말을 가열해 소성하여 굳힌 것을 말한다.
④ 피독은 촉매의 활성점이 비가역적으로 화학흡착되어 활성점 수가 감소되는 것을 말한다.

정답 및 해설 17.② 18.③ 19.① 20.④

1 수용액에서 산의 세기가 가장 큰 것은?

① HBr

② CH_3OH

③ $(CH_3)_3CH$

④ $(CH_3)_2NH$

2 양쪽성 계면활성제는?

① 폴리알킬페놀

② 라우린산나트륨

③ 아미노산형 계면활성제

④ 폴리에틸렌글리콜형 계면활성제

3 수용액에서 HPO_4^{2-} 이온의 짝염기는?

① H_3PO_4

② $H_2PO_4^-$

③ H_3O^+

④ PO_4^{3-}

4 Friedel-Crafts 알킬화 촉매로 가장 적절하지 않은 것은?

① $AlCl_3$

② BF_3

③ KOH

④ $ZrCl_4$

1 산의 세기는 수소 이온(H^+)을 내놓는 정도와 비례한다. 따라서 산의 세기가 가장 큰 것은 HBr 이다.

2

① 폴리알킬페놀의 페놀기는 수소 이온을 내놓으며 음이온이 되므로 음이온성 계면활성제이다.( )

② 라우린산나트륨은 수소 이온을 내놓으며 음이온이 되므로 음이온성 계면활성제이다.($RCOO^-$)

③ 아미노산형 계면활성제의 아미노산 부분은 양이온과 음이온을 모두 가지므로 양쪽성 계면활성제이다.

$$
\overset{\text{COO}^-}{\underset{\text{R}}{H_3\overset{+}{N}-C-H}}
$$

④ 폴리에틸렌글리콜형 계면활성제는 이온화 되지 않는 비이온성 계면활성제이다.

3 인산의 이온화 반응은 다음과 같다.

$$H_3PO_4 + H_2O \rightleftharpoons H_2PO_4^- + H_3O^+$$

   산   염기   염기   산

$$H_2PO_4^- + H_2O \rightleftharpoons HPO_4^{2-} + H_3O^+$$

   산   염기   염기   산

$$HPO_4^{2-} + H_2O \rightleftharpoons PO_4^{3-} + H_3O^+$$

   산   염기   염기   산

① H_3PO_4는 $H_2PO_4^-$의 짝산이다.

② $H_2PO_4^-$는 H_3PO_4의 짝염기, HPO_4^{2-}의 짝산이다.

③ H_2O는 H_3O^+의 짝염기이다.

④ PO_4^{3-}는 HPO_4^{2-}의 짝염기이다.

4 Friedel-Craft 알킬화 반응은 벤젠고리의 수소 대신 알킬기를 치환하는 반응이며 촉매로는 친전자체를 만들 수 있는 염화알루미늄, 염화지르코늄 등의 강한 루이스산이 사용된다.

정답 및 해설 1.① 2.③ 3.④ 4.③

5 친전자성 방향족 치환 반응(electrophilic aromatic substitution) 조건에서 메타(meta) 치환 된 화합물을 주 생성물로 제공하는 반응물은?

① 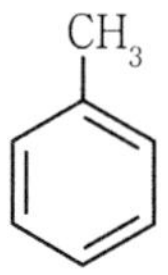 CH₃ (벤젠고리)

② NO₂ (벤젠고리)

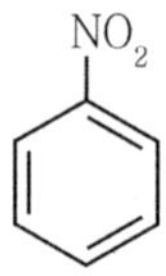

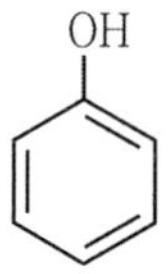

③ OH (벤젠고리)

④ NH₂ (벤젠고리)

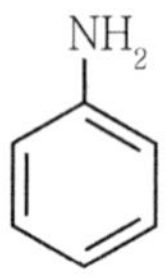

6 불포화도(degree of unsaturation)가 다른 것은?

① cyclohexene

② 1,3 − pentadiene

③ C_8H_{12}

④ (구조식)

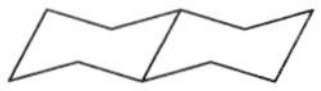

7 에틸벤젠(ethylbenzene)의 탈수소 반응으로 생성되는 주 생성물은?

① 자일렌(xylene)

② 스타이렌(styrene)

③ 폴리에스터(polyester)

④ 프탈산(phthalic acid)

5 Nitro기는 친전자성 방향족 치환 반응에서 메타 지향성을 갖는다.

그러므로 Nitro기와 관련한 것을 찾으면 된다.

벤젠의 나이트로화 반응이란 벤젠고리의 H 하나가 NO_2로 치환되는 반응을 벤젠과 진한 질산이 반응하여 나이트로벤젠을 생성한다.

※ 메타지향기 : $-CHO$, $-COR$, $-COOr$, $-COOH$, $-CN$, $-SO_3H$, $-NO_2$, $-\overset{+}{N}R_3$

6 불포화도는 불포화 화합물에 있어서 분자당 몇 개의 수소 분자가 결핍되었는가이다. 다중결합과 고리로 불포화도를 계산할 수 있다.

① cyclohexene의 구조는 이다. : 고리 1개, 이중결합 1개 → 불포화도 2

② 1, 3−pentadiene의 구조는 이다. : 이중결합 2개 → 불포화도 2

③ C_8H_{12}의 구조는 등이다. : 순서대로 고리 1개, 이중결합 2개,

→ 불포화도 3/ 고리 3개 → 불포화도 3/ 고리 1개, 이중결합2개 → 불포화도 3

④ : 고리 2개 → 불포화도 2

7 벤젠이 에틸렌과 반응하여 에틸벤젠이 되면 금속산화물 촉매 하에서 탈수소 반응으로 스타이렌이 만들어진다.

8 카이랄성 중심 2번 탄소(C2)와 3번 탄소(C3)의 R/S 배열을 바르게 연결한 것은?

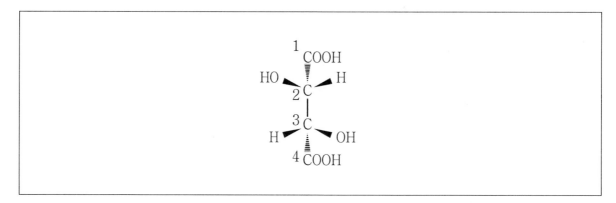

	C2	C3
①	R	R
②	R	S
③	S	R
④	S	S

9 분자식이 다른 것은?

① 옥테인(n-octane)

② 3-이소프로필헥세인(3-isopropylhexane)

③ 3, 4-다이메틸헥세인(3, 4-dimethylhexane)

④ 3-메틸-3-에틸펜테인(3-methyl-3-ethylpentane)

8 거울상 이성질체에서 R/S 명명법에서는 중심탄소를 중심으로 우선순위 순서대로 배열할 때, 시계방향이면 R, 반시계방향이면 S로 표현한다. 우선순위는 다음의 규칙으로 정한다.

1. 수소는 가장 우선순위가 낮다.
2. 중심탄소를 중심으로 직접 결합한 원자의 원자번호가 클수록 우선순위가 높다.
3. 직접 결합한 원자의 원자번호가 같다면, 다음 원자의 원자번호를 비교한다.(원자번호가 높은 것이 우선)
4. 다중결합이면 모두 단일결합으로 풀어쓴 후에 비교한다.

예 :

⇨ 우선순위가 가장 낮은 것을 뒤쪽에 위치시킨 후, 우선순위가 높은 순서대로 회전할 때, 시계방향인지, 반시계 방향인지 판단한다.

④ 탄소의 R/S 배열은 2번, 3번 탄소 모두 S이다.

9
① 옥테인(n-octane) : ∿∿∿ → C_8H_{18}

② 3-이소프로필헥세인(3-isopropylhexane) : C-C-C-C-C-C / C-C-C / C → C_9H_{20}

③ 3, 4-다이메틸헥세인(3, 4-dimethylhexane) : C-C-C-C-C-C / C → C_8H_{18}

④ 3-메틸-3-에틸펜테인(3-methyl-3-ethylpentane) : → C_8H_{18}

10 옥탄가에 대한 설명으로 옳은 것은?

① α-메틸나프탈렌을 0으로 한다.

② 2, 2, 4-트라이메틸헵테인(2, 2, 4-trimethylheptane)을 100으로 한다.

③ 나프텐계 탄화수소는 같은 탄소수의 파라핀계보다 옥탄가가 낮다.

④ 가지가 많은 탄화수소는 같은 탄소수의 곧은 사슬 탄화수소보다 옥탄가가 높다.

11 단백질 기반 효소에 대한 일반적인 설명으로 옳지 않은 것은?

① 기질에 대해 특이성이 있다.

② 최적의 활성을 갖는 수용액의 온도와 pH가 존재한다.

③ 보통의 효소는 변성(denaturation)되더라도 활성이 쉽게 복구된다.

④ 생화학 반응의 활성화 에너지를 낮춰서 반응의 속도를 증가시킨다.

12 다음 중 질소비료는?

① 요소(urea)

② 폴리할라이트(polyhalite)

③ 니트로인산염(nitrophosphate)

④ 중과린산석회(triple superphosphate)

13 사탕수수나 사탕무로부터 주로 추출되는 당은?

① 락토오스(lactose)

② 수크로오스(sucrose)

③ 글루코오스(glucose)

④ D-프룩토오스(D-fructose)

10 옥탄가는 연료로 사용되는 휘발유의 척도이며, 세탄가는 디젤 연료의 점화성의 척도이다.

① 세탄가는 α-메틸나프탈렌을 0으로 한다.

② 세탄가는 n-세탄($C_{16}H_{34}$)을 100으로 한다.

③ 옥탄가는 고리의 수가 많을수록 증가하므로 나프텐계 탄화수소는 같은 탄소수의 파라핀계보다 옥탄가가 높다.

④ 옥탄가는 가지가 많을수록 증가하므로 가지가 많은 탄화수소는 탄소수의 곧은 사슬 탄화수소보다 옥탄가가 높다.

11 ① 효소는 특정 기질에 대해서만 특이적으로 결합하여 반응하는 기질 특이성이 있다.

② 효소는 최적의 활성을 가지는 온도와 pH가 존재한다.

③ 보통의 효소는 변성되면 활성이 쉽게 복구되지 않는다.

④ 보통의 효소는 반응의 활성화 에너지를 낮추어 반응의 속도를 증가시킨다.

12 ① 황산암모늄, 요소, 염화암모늄은 질소비료이다.

② 폴리할라이트속에는 칼륨, 황, 마그네슘, 칼슘 등 농작물 성장에 필요한 각종 영양성분들이 풍부하다.

③ 인산이 들어있는 비료는 인산질비료이다.

④ 인산질비료에는 과인산석회, 중과린산석회, 용성인비 등이 있다.

13 ① 락토오스는 포유류의 젖속의 이당류로 글루코스와 갈락토스가 결합되어 있다.

② 수크로오스는 사탕수수나 사탕무로부터 추출되는 이당류로 포도당과 과당이 결합되어 있다.

③ 글루코오스(포도당)는 주로 단맛이 나는 과일 속의 단당류이다.

④ 프룩토오스(과당)은 과일 속에 들어있는 단당류이다.

정답 및 해설 10.④ 11.③ 12.① 13.②

14 고분자의 분자량에 대한 설명으로 옳지 않은 것은? (단, n_x은 분자량이 M_x인 분자 개수, w_x는 분자량이 M_x인 분자의 무게, $\overline{M_n}$은 수평균 분자량, $\overline{M_w}$은 무게평균 분자량이다)

① $\overline{M_n}$은 삼투압 측정법으로 결정할 수 있다.

② $\dfrac{\overline{M_w}}{\overline{M_n}}$이 증가할수록 분자량 분포는 넓어진다.

③ $\overline{M_n} = \dfrac{n_1 M_1 + n_2 M_2 + \cdots + n_x M_x + \cdots}{n_1 + n_2 + \cdots + n_x + \cdots}$

④ $\overline{M_w} = \dfrac{n_1 M_1 + n_2 M_2 + \cdots + n_x M_x + \cdots}{w_1 + w_2 + \cdots + w_x + \cdots}$

15 저밀도 폴리에틸렌(LDPE)과 고밀도 폴리에틸렌(HDPE)에 대한 일반적인 설명으로 옳지 않은 것은?

① LDPE는 HDPE보다 가지가 많다.
② LDPE는 HDPE보다 투명성이 낮다.
③ LDPE는 HDPE보다 결정화도가 낮다.
④ LDPE는 HDPE보다 기계적 강도가 낮다.

16 전이금속 화합물 $[Co(NH_3)_4Cl_2]^+$의 이성질체의 수는?

① 1개
② 2개
③ 3개
④ 4개

17 다음 전지 반응의 산화 전극(anode)에서 일어나는 반응으로 옳은 것은?

$$Zn(s) + Cu^{2+}(aq) \rightarrow Zn^{2+}(aq) + Cu(s)$$

① $Cu^{2+}(aq) + 2e^- \rightarrow Cu(s)$

② $Cu^+(aq) + e^- \rightarrow Cu(s)$

③ $Zn(s) \rightarrow Zn^{2+}(aq) + 2e^-$

④ $Zn(s) \rightarrow Zn^+(aq) + e^-$

---

14 ① 수평균 분자량은 삼투압 측정법, 말단기 측정법으로 결정할 수 있다.

② $\dfrac{\overline{M_w}}{M_n}$ 는 다분산 지수로 1에 가까우면 분자량의 분포가 좁고, 크면 분자량의 분포가 넓다.

③ 수평균 분자량은 $M_n = \dfrac{\sum_i N_i M_i}{\sum_i N_i} = \dfrac{\sum_i w_i}{\sum_i \dfrac{w_i}{M_i}}$ 의 식으로 구할 수 있다.

④ 무게평균 분자량은 $\overline{M_w} = \dfrac{\sum N_i M^2_i}{\sum N_i M_i} = \dfrac{\sum w_i M_i}{\sum w_i}$ 의 식으로 구할 수 있다.

15 ① 저밀도 폴리에틸렌은 고밀도 폴리에틸렌보다 가지가 많다.
② 저밀도 폴리에틸렌은 고밀도 폴리에틸렌보다 투명성이 높다.
③ 저밀도 폴리에틸렌은 고밀도 폴리에틸렌보다 결정화도가 낮다.
④ 저밀도 폴리에틸렌은 고밀도 폴리에틸렌보다 기계적 강도가 낮다.

16 $[Co(NH_3)_4Cl_2]^+$ 의 가능한 이성질체는 다음과 같다.

Cis-isomer   trans-isomer

17 전지의 산화 전극에서는 전자를 내놓는 산화 반응이 일어나고 환원 전극에서는 전자를 받아들이는 환원 반응이 일어난다.

산화 전극 : $Zn(s) \rightarrow Zn^{2+}(aq) + 2e^-$

환원 전극 : $Cu^{2+}(aq) + 2e^- \rightarrow Cu(s)$

정답 및 해설 14.④ 15.② 16.② 17.③

18 올레산(oleic acid)에 수소(H_2)를 첨가시켜 얻을 수 있는 지방산은?

① 리놀레산(linoleic acid)

② 스테아르산(stearic acid)

③ 팔미톨레산(palmitoleic acid)

④ 아라키돈산(arachidonic acid)

19 밑줄 친 원소의 산화수가 +4인 것은?

① $\underline{C}O_2$ ② $\underline{Al}Cl_3$

③ Na$\underline{Cl}$ ④ Mg$\underline{S}O_4$

20 서로 다른 고분자 (가)~(다)의 온도 변화에 따른 비부피(specific volume) 그래프에 대한 설명으로 옳지 않은 것은? (단, T_g는 유리전이온도, T_m은 용융온도이다)

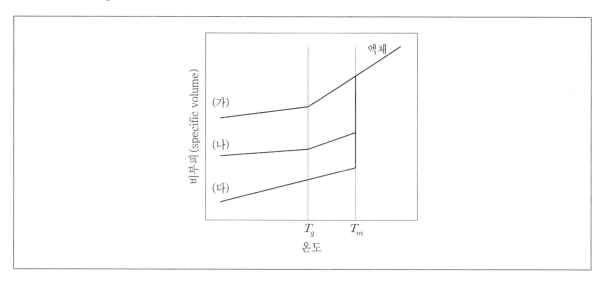

① T_g와 T_m은 고분자의 가공 공정에 영향을 준다.

② (가)는 비정질(amorphous) 고분자에 해당한다.

③ (나)는 (가)보다 결정성(crystallinity)이 높다.

④ (다)의 투명성(transparency)이 가장 높다.

18 올레산에 수소가 첨가되는 환원반응이 일어나면 스테아르산이 된다.

19 각 원소의 산화수는 다음과 같다.
① C O$_2$
  — —
  +4 −2
② Al Cl$_3$
  — —
  +3 −1
③ Na Cl
  — —
  +1 −1
④ Mg S O$_4$
  — — —
  +2 +6 −2

20 ① 유리전이온도와 용융온도(녹는점)은 고분자의 가공 공정에 영향을 준다.
② (가)에는 유리전이온도만 존재하고 용융온도가 존재하지 않으므로 결정영역이 없다. 따라서 (가)는 비정질 고분자이다.
③ (나)는 용융온도를 가지므로 결정영역이 존재한다. 따라서 (나)는 (가)보다 결정성이 높다.
④ 무정형이나 열가소성 플라스틱은 유리전이온도 이하에서 유리상태이다. (다)는 유리전이온도가 존재하지 않으므로 투명성이 낮다.

정답 및 해설 18.② 19.① 20.④

1 '어떤 화학 반응이 연속적으로 일어날 때, 그 반응의 엔탈피 변화값은 각 단계의 엔탈피 변화값의 합과 같다.'는 법칙은?

① Raoult의 법칙

② Hess의 법칙

③ Henry의 법칙

④ Nernst의 법칙

2 옥탄가 100의 기준이 되는 물질의 구조식은?

① $CH_3 - CH_2 - CH_2 - CH_2 - CH_2 - CH_2 - CH_2 - CH_3$

②
$$CH_3 - CH - CH_2 - CH_2 - CH_2 - CH_2 - CH_3$$
$$|$$
$$CH_3$$

③
$$CH_3$$
$$|$$
$$CH_3 - C - CH_2 - CH_2 - CH_2 - CH_3$$
$$|$$
$$CH_3$$

④
$$CH_3 \qquad\quad CH_3$$
$$| \qquad\qquad |$$
$$CH_3 - C - CH_2 - CH - CH_3$$
$$|$$
$$CH_3$$

3 합성가스에 대한 설명으로 옳지 않은 것은?

① 일반적으로 이산화탄소(CO_2)와 수소(H_2)의 혼합물이다.

② 메탄(CH_4)의 수증기 개질로부터 제조될 수 있다.

③ 암모니아(NH_3) 제조에 활용될 수 있다.

④ 메탄올(CH_3OH) 제조에 사용될 수 있다.

---

1 ① Raoult의 법칙은 용매에 비휘발성 용질을 녹인 묽은 용액의 증기압력은 용매의 증기압력에 비해 작아지는데, 이 증기압력 내림의 크기는 용액 중에 녹아 있는 용질의 몰분율에 비례한다는 법칙이다.

② Hess의 법칙은 총 열량 불변의 법칙으로, 어떤 화학 반응이 일어날 때 어느 경로로 반응이 일어났든지에(어떤 경로를 거쳤는지에) 상관없이 총 열량은 변하지 않는다는 법칙이다.

③ Henry의 법칙은 기체에 관한 법칙으로, 같은 온도에서 같은 양의 액체에 용해되는 기체의 양은 기체의 부분압력에 비례한다는 법칙이다.

④ Nernst의 법칙은 열역학 제3법칙이라고도 부르는 0K에서의 엔트로피에 관한 법칙이다. 열역학 과정에서 절대온도가 0으로 접근하면 엔트로피의 변화도 0에 가깝게 된다는 법칙이다.

2 옥탄가는 가솔린 연소 시, 이상 연소에 의한 폭발(노킹)이 일어나지 않는 정도를 나타내는 수치이다. 노말 헵탄의 옥탄가는 '0', 이소 옥탄(2,2,4-트라이메틸펜테인)의 옥탄가는 '100'을 기준으로 한다. 옥탄가가 높으면 연소가 잘 되므로 고급 휘발유이다.

① 노말 옥탄

② 2-메틸 헵탄

③ 2,2-디메틸 헥세인

④ 2,2,4-트라이메틸 펜테인

3 ① 합성가스란 일산화탄소(CO)와 수소(H_2)의 혼합물이다.

② 메탄으로부터 합성가스를 제조하는 방법은 수증기 개질($CH_4 + H_2O \rightarrow CO + 3H_2$), CO_2 개질($CH_4 + CO_2 \rightarrow 2CO + 2H_2$), 부분 산화($CH_4 + \frac{1}{2}O_2 \rightarrow CO + 2H_2$)가 있다.

③④ 합성가스는 암모니아, 메탄올 등의 제조에 쓰이는 중간원료이다.

정답 및 해설 1.② 2.④ 3.①

4 유지의 분자량 또는 불포화도와 관련이 없는 것은?

① 산가(acid value)

② 아이오딘가(iodine value)

③ 비누화가(saponification value)

④ 친수성-친유성 밸런스(hydrophilic-lipophilic balance)

5 괴상(bulk) 중합에서 급격한 중합 속도 증가와 온도 증가에 따른 자동가속화 현상은?

① 겔 효과(gel effect)

② 역성장(depropagation)

③ 유리 전이(glass transition)

④ 유도 분해(induced decomposition)

6 페놀류에 대한 설명으로 옳지 않은 것은?

① 페놀은 상온에서 고체로 존재한다.

② 크레솔(cresol)은 세 가지의 이성질체가 있다.

③ 페놀은 물에 용해도가 낮으며 중성을 나타낸다.

④ 페놀은 $FeCl_3$ 수용액과 발색 반응으로 검출이 가능하다.

7 고분자의 유리전이온도를 측정하는 분석법으로 옳지 않은 것은?

① 만능시험법(UTM)

② 시차 열분석법(DTA)

③ 시차 주사 열량법(DSC)

④ 동적 기계적 분석법(DMA)

4 ① 산가란 유지 1g 속의 유리지방산을 중화할 때 필요한 수산화칼륨의 양(mg)이다. 유지마다 산가가 다른 이유는 유지를 구성하는 지방산의 종류, 유지의 불포화도가 달라서다.

② 아이오딘가는 유지를 구성하고 있는 지방산 속의 이중 결합의 수를 나타내는 수치로 분자의 불포화도를 알 수 있다.

③ 비누화가는 지방 1g을 완전히 비누화시킬 때 필요한 수산화 칼륨의 양(mg)이다. 이 값은 지방산의 분자량에 반비례한다.

④ HLB값은 1계면활성제의 친수성 및 친유성 정도를 나타내는 척도이다.

5 괴상 중합은 용매를 쓰지 않고 단위체만을 중합시키는 방법이다. 장치가 간단하고 반응이 빠르며 높은 분자량과 높은 순도의 중합체를 얻을 수 있다.

① 겔효과란 화합물이 중합될 때, 중합속도가 점점 증가하는 효과이다.

② 역성장은 결합이 분해되어 단위체를 제거하는 것이다.

③ 유리전이온도는 고체의 비결정성 고분자의 온도를 높일 때, 유리와 같은 상태에서 점성을 갖는 유체로 변하는 온도이다.

④ 유도분란 유기 과산화물에서 분해된 유리기가 다시 과산화물을 공격하면서 분해가 촉진되는 것을 말한다.

6 ① 페놀( ))은 녹는점 40.5℃, 끓는점 181.7℃로 상온에서 고체이다.

② 크레솔은 다음의 세 가지 이성질체가 있다.

o-cresol   *m*-cresol   *p*-cresol

③ 페놀은 물에 녹는 용해도가 작고 수용액은 약산성을 띤다.

$$3PhOH + FeCl_3 \rightleftharpoons Fe(PhO)_3 + 3HCl$$

④ 페놀은 FeC_2 수용액과 발색 반응(보라색)한다.

7 ① 만능시험법은 특정 하중으로 시험편을 당기거나 압축하여 항복강도, 인장강도, 연신율을 측정하는 방법이다.

② 시차 열분석법 시료와 기준이 되는 물질을 일정한 속도로 가열하거나 냉각시켰을 때 둘 사이의 온도 차이를 기록하는 방법으로, 유리전이온도를 알아낼 수 있다.

③ 시차 주사 열량법은 시료와 기준이 되는 물질을 일정한 속도로 가열하거나 냉각시켰을 때 둘 사이의 온도가 같게 되도록 전기적으로 가하는 열량의 차를 시간에 따라 기록하는 방법으로, 유리전이온도를 알아낼 수 있다.

④ 동적 기계적 분석법은 시료에 진동하는 힘이나 변형을 가하여 온도나 주파수에 따른 탄성율과 에너지 손실을 측정하는 방법으로, 유리전이온도를 알아낼 수 있다.

정답 및 해설   4.④   5.①   6.③   7.①

8 1 당량의 1-hexyne ($CH_3CH_2CH_2CH_2C \equiv CH$)과 2 당량의 HBr을 반응시켰을 때 얻어지는 주 생성물은?

① $BrCH_2CH_2CH_2CH_2CHBrCH_3$

② $CH_3CH_2CH_2CH_2CHBrCH_2Br$

③ $CH_3CH_2CH_2CH_2CH_2CHBr_2$

④ $CH_3CH_2CH_2CH_2CBr_2CH_3$

9 카이랄 탄소의 절대 배열(absolute configuration)이 S인 화합물은?

①

$$H \underset{\underset{Br}{|}}{\overset{CH_3}{\underset{\displaystyle C}{}}} Cl$$

②

$$HO \underset{\underset{\underset{CH_3}{|}}{\underset{CH_2}{|}}}{\overset{CH_3}{\underset{\displaystyle C}{}}} H$$

③

$$HOCH_2 \underset{\underset{\underset{CH_3}{|}}{\underset{CH_2}{|}}}{\overset{CH_3}{\underset{\displaystyle C}{}}} H$$

④

$$O=\overset{OH}{\underset{\underset{\underset{H_2N}{}}{CH_3}}{\overset{|}{C}} \; \overset{|}{\underset{\displaystyle C}{}} \; H}$$

8 마르코브니코프(Markovnikov) 법칙에 따라 탄소양이온의 안정성은 탄소의 차수가 클수록 크다. 따라서 앞에서부터 두 번째 탄소 원자에 탄소양이온이 생성되는 것이 더 안정하다. 할로젠과 첨가반응을 하게 되면 결합하고 있는 수가 적은 쪽인 두 번째 탄소 원자에 할로젠이 첨가된다. 따라서 HBr이 1 당량 첨가되면 $CH_3CH_2CH_2CH_2CBr = CH_2$ 가 되고, 2 당량 첨가되면 $CH_3CH_2CH_2CH_2CBr_2CH_3$ 가 된다.

9 거울상 이성질체에서 R/S 명명법에서는 중심 탄소를 중심으로 우선순위 순서대로 배열할 때 시계방향이면 R, 반시계방향이면 S로 표현한다. 우선순위는 다음의 규칙으로 정한다.
1. 수소는 가장 우선순위가 낮다.
2. 중심 탄소를 중심으로 직접 결합한 원자의 원자번호가 클수록 우선순위가 높다.
3. 직접 결합한 원자의 원자번호가 같다면, 다음 원자의 원자번호를 비교한다. (원자번호가 높은 것이 우선)
4. 다중결합이면 모두 단일결합으로 풀어쓴 후에 비교한다.

→ 우선순위가 가장 낮은 것을 뒤쪽에 위치시킨 후, 우선순위가 높은 순서대로 회전할 때 시계방향인지, 반시계방향인지 판단한다.
이에 따라 각 물질의 중심 탄소와 결합한 작용기의 우선순위를 판단하여 R과 S를 판단하면 다음과 같다.

① $-CH_3 : 3$
　$-H : 4$
　$-Cl : 2$
　$-Br : 1$

② $-CH_3 : 3$
　$-OH : 1$
　$-H : 4$
　$-CH_2-CH_3 : 2$

③ $-CH_3 : 3$
　$-CH_2OH : 1$
　$-H : 4$
　$-CH_2-CH_3 : 2$

④ $-CH_3 : 3$
　$-NH_2 : 1$
　$-H : 4$
　$-COOH : 2$

10 다음 화학 반응식의 A에 가장 적합한 반응물은?

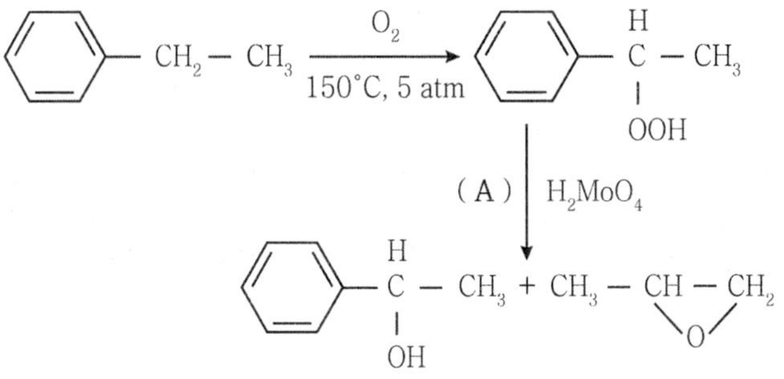

①
$$CH_3 - CH - CH_3$$
(OH 위)

② $CH_3 - CH = CH_2$

③ $CH_3 - CH_2 - CH_2 - OH$

④ $CH_3 - CH_2 - CH_3$

11 다음 설명을 모두 만족하는 화합물은?

- 베타(β) 결합을 갖는 글루코오스에서 생성된다.
- 식물의 구조를 이루는 주요한 다당류이다.
- 나무는 리그닌과 이것의 혼합물로 이루어진다.

① 녹말(starch)
② 셀룰로오스(cellulose)
③ 글라이코겐(glycogen)
④ 수크로오스(sucrose)

12 고분자의 구조식이 옳은 것만을 모두 고르면?

㉠ 폴리에틸렌(PE)

㉡ 폴리스티렌(PS)

㉢ 폴리(에틸렌옥사이드)(PEO)

㉣ 폴리(에틸렌 테레프탈레이트)(PET)

---

① ㉠, ㉡

② ㉠, ㉢

③ ㉡, ㉣

④ ㉢, ㉣

---

10 이중결합이 있는 알켄에 과산화물 시약을 사용하면 에폭사이드를 얻을 수 있다.

11 ① 녹말은 탄수화물의 일종으로 알파 결합을 갖는 글루코오스로부터 만들어진다. 식물의 저장에너지이다.
　　② 셀룰로오스는 베타 결합을 갖는 글루코오스로부터 만들어지며, 식물의 세포벽을 이루는 다당류이다. 나무는 리그닌과 셀룰로오스로 이루어진다.
　　③ 글라이코겐은 동물의 저장에너지 형태로 글루코오스를 결합하여 만들어진다.
　　④ 수크로오스는 사탕수수에서 얻은 원당을 가공한 감미료의 주성분이다. 글루코오스와 프럭토오스가 결합하여 만들어진다.

12

㉠ 폴리스티렌(PS)	㉡ 폴리에틸렌(PE)
㉢ 폴리에틸렌옥사이드(PEO)	㉣ 폴리에틸렌 테레프탈레이트(PET)

13 생체 의료용 고분자에 대한 설명으로 옳지 않은 것은?

① 일회용 의료 제품으로는 PP와 PVC가 사용되고 있다.

② 안과 영역에서는 PMMA가 사용되고 있다.

③ 수술용 봉합사로는 PS가 사용되고 있다.

④ 의치 제품으로는 PMMA가 사용되고 있다.

14 아민기보다 카르복실기의 개수가 더 많은 아미노산만을 모두 고르면?

⊙ 라이신(lysine)
ⓒ 아르기닌(arginine)
ⓒ 아스파트산(aspartic acid)
ⓔ 글루탐산(glutamic acid)

① ㉠, ㉡　　　　　　　　　　　② ㉠, ㉣

③ ㉡, ㉢　　　　　　　　　　　④ ㉢, ㉣

15 수용액에서 침전 반응이 일어나지 않는 화학 반응식은?

① $2Al(NO_3)_3(aq) + 3Ba(OH)_2(aq) \rightarrow$

② $FeSO_4(aq) + 2KCl(aq) \rightarrow$

③ $MgCl_2(aq) + Ca(OH)_2(aq) \rightarrow$

④ $CaCl_2(aq) + Na_2CO_3(aq) \rightarrow$

16 $Fe(CN)_6^{3-}$ 착이온의 리간드장 안정화 에너지의 절대값은? (단, Fe는 8족 원소이며, Δ_o는 팔면체 결정장 갈라짐 에너지이다)

① 0　　　　　　　　　　　　　② $0.4\Delta_o$

③ $2.0\Delta_o$　　　　　　　　　　④ $2.4\Delta_o$

13 ① 일회용 의료제품으로는 PP(폴리프로필렌)와 PVC(폴리염화비닐)가 사용된다.

② 안과 영역에서는 인공각막을 만들 때, PMMA(메틸 메타크릴라이트 : 아크릴)를 사용한다.

③ 수술용 봉합사로는 생분해성 고분자인 PGA(poly glycolic acid)를 사용한다.

④ 의치제품으로는 PMMA가 사용된다. 인공치아를 만들 때, PMMA 분말과 가교제를 혼합하여 치아형태를 만든다.

14 각 아미노산의 구조는 다음과 같다.

㉠ 라이신 : 아미노기 2개, 카복실기 1개	㉡ 아르기닌 : 아미노기 2개, 카복실기 1개
㉢ 아스파트산 : 아미노기 1개, 카복실기 2개	㉣ 글루탐산 : 아미노기 1개, 카복실기 2개

15 ① $2Al(NO_3)_3(aq)+3Ba(OH)_2(aq) \rightarrow 2Al(OH)_3(s)+3Ba(NO_3)_2(aq)$

② $FeSO_4(aq)+2KCl(aq) \rightarrow FeCl_2(aq)+K_2SO_4(aq)$

③ $MgCl_2(aq)+Ca(OH)_2(aq) \rightarrow CaCl_2(aq)+Mg(OH)_2(s)$

④ $CaCl_2(aq)+Na_2CO_3(aq) \rightarrow 2NaCl(aq)+CaCO_3(s)$

16 철과 철 이온의 바닥상태 전자배치는 다음과 같다.

$_{26}Fe$; $[Ar]4s^2 3d^6$

$_{26}Fe^{3+}$; $[Ar]3d^5$

CN^-는 강한장 리간드이므로 d 오비탈을 많이 분리시켜 low spin 착물을 형성한다. 이때의 전자배치와 각 오비탈의 에너지는 다음과 같다.

$$\boxed{}_{d_{x^2-y^2}} \quad \boxed{}_{d_{z^2}} \quad = \quad \frac{3}{5}\triangle_0$$

$$\boxed{\uparrow\downarrow}_{d_{xy}} \quad \boxed{\uparrow\downarrow}_{d_{yz}} \quad \boxed{\uparrow}_{d_{xz}} \quad = \quad \frac{2}{5}\triangle_0$$

따라서 $Fe(CN)_6{}^{3-}$ 착이온의 리간드장 안정화 에너지는 $2\triangle_0 (=5 \times \frac{2}{5}\triangle_0)$이다.

정답 및 해설 13.③ 14.④ 15.② 16.③

17 전이금속 원소의 바닥 상태 전자배치로 옳은 것은?

① $_{23}V : [Ar]4s^23d^2$

② $_{24}Cr : [Ar]4s^13d^5$

③ $_{28}Ni : [Ar]4s^13d^9$

④ $_{29}Cu : [Ar]4s^23d^9$

18 다음 반응에서 얻어지는 주 비료는?

$$3Ca_3(PO_4)_2 \cdot CaF_2 + 2Na_2CO_3 + 2H_3PO_4 \rightarrow$$

① 소성인비

② 용성인비

③ 과린산석회

④ 중과린산석회

19 양자점(quantum dot)에 대한 설명으로 옳지 않은 것은?

① 디스플레이 재료로 활용되고 있다.

② 연속적인 에너지 준위 구조를 가진다.

③ 나노미터 크기의 초미세 입자이다.

④ 크기에 따라 가시광선 영역으로부터 적외선 영역까지 발광할 수 있다.

20 전기화학 전지에 대한 설명으로 옳은 것은?

① 자발적으로 진행되는 전기화학 반응의 기전력은 음의 값을 갖는다.

② 자발적 반응의 깁스자유에너지 변화값은 양의 값을 갖는다.

③ 전해전지의 깁스자유에너지 변화값은 양의 값을 갖는다.

④ 수소연료전지의 역반응은 기전력이 양의 값을 갖는다.

17 각 전이 금속의 바닥 상태 전자배치는 다음과 같다.

① $_{23}V : [Ar]4s^23d^3$

② $_{24}Cr : [Ar]4s^13d^5$

③ $_{28}Ni : [Ar]4s^23d^8$

④ $_{29}Cu : [Ar]4s^13d^{10}$

18 ① 소성인비는 인광석을 다른 원료들과 함께 가열하여 인광석 속 플루오린을 제거하여 만든다.

② 용성인비는 사문암($MgSiO_5$)이나 감람석(Mg_2SiO_4)을 인광석과 반응시켜 제조한다.

③ 과린산석회는 인광석과 황산을 반응시켜 만든다.

④ 중과린산석회는 인광석을 인산으로 처리하여 제조한다.

19 ①③ 양자점은 디스플레이 소재로 쓰이는 수 나노미터 크기의 입자를 말한다.

② 양자점은 불연속적인 에너지 준위들이 불연속적으로 존재하지만 많은 원자들이 결합하고 있어 마치 에너지 준위가 연속적인 띠처럼 보인다.

④ 양자점은 크기에 따라 다양한 파장의 빛을 방출한다.

20 ① 자발적으로 진행되는 전기화학 반응의 기전력은 양의 값을 가진다.

② 자발적 반응의 깁스자유에너지 변화($\triangle G$)값은 음의 값을 가진다.

③ 전해전지는 전기분해를 이용하는 전지이다. 전기분해는 전원에 연결되어야 하므로 자발적으로 일어나는 반응이 아니다. 그러므로 깁스자유에너지 변화값은 양의 값이다.

④ 수소연료전지의 기전력은 양의 값이다.

정답 및 해설 17.② 18.① 19.② 20.③

1 수소 결합을 이루지 않는 것은?

① 에탄올(ethanol)

② 불화수소(hydrogen fluoride)

③ 아세트산(acetic acid)

④ 다이에틸에터(diethyl ether)

2 화학적으로는 중성이지만 영양성분이 식물에 흡수된 이후 산성을 나타내는 비료로 옳은 것은?

① 석회

② 요소

③ 염화칼륨

④ 용성인비

3 탄산나트륨의 용도로 적절하지 않은 것은?

① 비누 제조

② 유리 제조

③ 암모니아 제조

④ 글루탐산소다 제조

4 $[Cr(NH_3)_5Cl]Cl_2$에서 크로뮴(Cr)의 산화수는?

① +1

② +2

③ +3

④ +4

---

1 전기음성도가 강한 질소(N), 산소(O), 플루오린(F)에 수소(H) 원자가 공유결합할 때, 전기음성도가 강한 원자는 부분적인 음(−)전하, 수소 원자는 부분적인 양(+)전하를 띠게 된다. 이때 한 분자의 수소 원자에 인접한 분자의 전기음성도가 강한 원자(질소, 산소, 플루오린)이 이웃하게 되면 강한 분자 간 인력이 생긴다. 이러한 강한 분자 간 인력을 수소 결합이라 한다.

① 에탄올(C_2H_5OH)의 구조는 $H-\overset{\overset{\displaystyle H}{|}}{\underset{\underset{\displaystyle H}{|}}{C}}-\overset{\overset{\displaystyle H}{|}}{\underset{\underset{\displaystyle H}{|}}{C}}-O-H$이며, 수소 결합이 가능하다.

② 불화수소(HF)는 H−F 구조를 가지므로 수소 결합이 가능하다.

③ 아세트산(CH_3COOH)의 구조는 $H-\overset{\overset{\displaystyle H}{|}}{\underset{\underset{\displaystyle H}{|}}{C}}-\overset{\overset{\displaystyle O}{\|}}{C}-O-H$이며, 수소 결합이 가능하다.

④ 다이에틸에터($C_2H_5OC_2H_5$)의 구조는 $H-\overset{\overset{\displaystyle H}{|}}{\underset{\underset{\displaystyle H}{|}}{C}}-\overset{\overset{\displaystyle H}{|}}{\underset{\underset{\displaystyle H}{|}}{C}}-O-\overset{\overset{\displaystyle H}{|}}{\underset{\underset{\displaystyle H}{|}}{C}}-\overset{\overset{\displaystyle H}{|}}{\underset{\underset{\displaystyle H}{|}}{C}}-H$이고 산소(O)와 직접 결합한 수소(H)가 없기 때문에 수소 결합이 불가능하다.

2 ① 석회(CaO)는 물에 녹으면 염기성인 수산화칼슘($Ca(OH)_2$)이 되므로 토양의 산성을 중화시키는 염기성 비료이다.

② 요소($CO(NH_2)_2$)는 중성비료이다.

③ 염화칼륨(KCl)은 산성비료이다.

④ 용성인비는 인광석과 사문암을 용융시켜 제조한 인산비료로 염기성 비료이다.

3 ① 탄산나트륨과 수산화칼슘을 반응시켜 비누를 제조한다.

② 규사, 생석회, 탄산나트륨을 반응시켜 유리를 만든다.

③ 암모니아 제조에는 탄산나트륨이 쓰이지 않는다.(질소와 수소로부터 제조)

④ 글루탐산을 탄산나트륨으로 중화시켜 글루탐산소다(MSG)를 만든다.

4 $[Cr(NH_3)_5Cl]Cl_2$에서 Cl의 산화수는 −1이므로 $[Cr(NH_3)_5Cl]^{+2}$가 된다. 여기서 또 Cl의 산화수는 −1이므로 $Cr(NH_3)_5^{+3}$이다. NH_3의 산화수의 합은 0이므로 Cr의 산화수는 +3이다. (NH_3에서 N의 산화수 −3, H의 산화수 +1)

정답 및 해설 1.④ 2.③ 3.③ 4.③

5 아세톤의 공업적 제조법으로 적절하지 않은 것은?

① Hock 공정

② 프로필렌(propylene)의 직접 산화

③ 아이소프로필알코올(isopropyl alcohol)의 공기 산화

④ 에피클로로하이드린(epichlorohydrin)의 가수분해

6 전해 전지에 대한 설명으로 옳은 것만을 모두 고르면?

> ㉠ 전기 에너지를 이용하여 비자발적 화학 반응을 일으킨다.
> ㉡ 산화 전극은 (−)극이다.
> ㉢ 연료 전지는 전해 전지에 해당한다.

① ㉠

② ㉠, ㉡

③ ㉡, ㉢

④ ㉠, ㉡, ㉢

7 비료에 대한 설명으로 옳은 것은?

① N, P_2O_5, SO_3 중 2가지 이상을 함유하면 복합비료로 분류한다.

② 화성비료는 비료 성분을 단순 혼합하여 만든다.

③ 고도화성비료는 저도화성비료에 비해 저장 효율이 낮다.

④ 과인산석회와 석회질 비료를 섞으면 비료 효과가 감소한다.

5 아세톤의 제조법에는 큐멘-페놀 공정인 Hock 공정, 프로필렌의 직접 산화, 아이소프로필알콜의 공기 산화법이 있다.

① Hock 공정

$CH_3CH=CH_2$ + (벤젠) ⟶ (cumene) $\xrightarrow{O_2}$ (cumene hydroperoxide)

cumene   cumene hydroperoxide

⟶ (phenol)—OH + CH_3-C-CH_3
                              ∥
                              O

phenol   acetone

② 프로필렌의 직접 산화

$CH_3CH=CH_2 \xrightarrow{O_2} CH_3CCH_3$
                                          ∥
                                          O

③ 아이소프로필알콜의 공기 산화법

$CH_3CHCH_3 \xrightarrow{O_2} \left[\begin{array}{c} OH \\ | \\ CH_3CCH_3 \\ | \\ OOH \end{array} \right] \longrightarrow CH_3CCH_3 + H_2O_2$
          | ∥
          OH   O

④ 에피클로로하이드린이 가수분해되면 음식에서 발견되는 발암 물질인 3-MCPD(3-monochloropropane-1, 2-diol)이 만들어 진다.

6 전해 전지는 전기 분해를 이용하여 화학 반응을 일으키는 전지이다.
ⓐ 전해 전지는 전기 에너지를 이용하여 비자발적 화학 반응을 일으킨다.
ⓑ 전해 전지는 전기 에너지를 받으므로 (+)극은 전자를 받는 산화 전극이고 (-)극은 전자를 주는 환원 전극이다.
ⓒ 연료전지는 자발적인 반응이 일어나는 화학전지이다.

7 ① N, P_2O_5, K_2O 중 2가지 이상을 함유하면 복합비료이다.
② 비료 성분을 단순 혼합하면 배합비료가 된다. 화성비료는 화학 반응으로 만든 비료이다.
③ 고도화성비료는 비료 성분의 합계가 30% 이상으로 고농도이다. 따라서 저장효율이 높다.
④ 과인산석회와 석회질 비료를 섞으면 비료의 효능을 상실한다.

8 다음 반응의 주 생성물 ㉠이 과량의 물과 반응할 때 주로 생성되는 것은?

$$CH_2 = CH_2 + \frac{1}{2}O_2 \xrightarrow[\substack{250 \sim 300\,°C \\ 10 \sim 30\,atm}]{Ag} ㉠$$

① 에탄올(ethanol)

② 에틸렌글라이콜(ethylene glycol)

③ 아세트산(acetic acid)

④ 아세트알데하이드(acetaldehyde)

9 프로필렌(propylene)을 원료로 생산되는 석유화학 제품이 아닌 것은?

① 염화알릴(allyl chloride)

② 아세트산바이닐(vinyl acetate)

③ 아크릴로나이트릴(acrylonitrile)

④ 아이소프로필알코올(isopropyl alcohol)

10 계면활성제의 임계마이셀농도(critical micelle concentration) 측정 방법으로 적절하지 않은 것은?

① 타원편광법

② 표면장력법

③ 색소가용화법

④ 전기전도도법

8

$$CH_2=CH_2 \xrightarrow[Ag]{O_2} \underset{\text{ethylene oxide}}{\overset{\displaystyle O}{\overset{\displaystyle \triangle}{CH_2-CH_2}}} \xrightarrow{H_2O} \underset{\text{ethylene glycol}}{HO-CH_2CH_2-OH}$$

㉠은 에틸렌옥사이드이다.

9 ① 염화아릴 : $CH_2 = CH - CH_3 + Cl_2 \rightarrow CH_2 = CH - CH_2Cl + HCl$

② 아세트산바이닐 : $2C_2H_4 + 2CH_3COO\,H + O_2 \rightarrow 2CH_3CO_2CHCH_2 + 2H_2O$

③ 아크릴로나이트릴 : $CH_2 = CH - CH_3 \xrightarrow{O_2} CH_2 = CH\,CHO \xrightarrow{NH_3} CH_2 = CH - CH = NH \xrightarrow[-H_2O]{\frac{1}{2}O_2} CH_2 = CHCN$

④ 아이소프로필알코올 : $CH_3CH=CH_2 + H_2SO_4 \longrightarrow \underset{O-SO_3H}{CH_3CHCH_3} \xrightarrow{H_2O} \underset{OH}{CH_3CHCH_3}$

10 임계마이셀농도를 기준으로 계면활성제의 성질을 크게 변한다. 그러므로 크게 변하는 성질을 측정하여 임계마이셀농도를 측정할 수 있다.

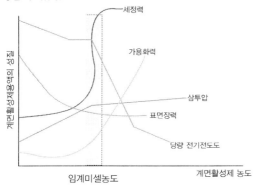

① 타원편광법은 편광된 빛을 시료 표면에 조사해 반사된 빛과 비교하는 방법으로 굴절률을 알려준다.
② 임계마이셀농도 이후, 표면장력은 일정해진다.
③ 임계마이셀농도 이후, 색소가 가용화되면서 색소의 스펙트럼이 크게 증가한다.
④ 임계마이셀농도 이후, 전기전도도가 크게 떨어진다.

정답 및 해설 8.② 9.② 10.①

11 P와 O의 형식전하를 옳게 짝 지은 것은?

$$\overset{\displaystyle :\ddot{O}:}{\underset{\displaystyle :\ddot{C}l:}{:\ddot{C}l - P - \ddot{C}l:}}$$

	P	O
①	+1	0
②	+1	−1
③	−1	0
④	−1	−1

12 다음 구조식을 갖는 고분자는?

$$\left(\!\begin{array}{c} \text{H} \\ | \\ \text{R} - \text{N} - \text{C} \\ \parallel \\ \text{O} \end{array}\!\right)_n$$

① 폴리에스터(polyester)

② 폴리우레아(polyurea)

③ 폴리우레탄(polyurethane)

④ 폴리아마이드(polyamide)

13 실리콘 반도체의 제조 공정을 진행 순서대로 옳게 나열한 것은?

① 감광제 도포 → 노광 → 산화 → 식각

② 감광제 도포 → 산화 → 식각 → 노광

③ 산화 → 감광제 도포 → 노광 → 식각

④ 산화 → 식각 → 감광제 도포 → 노광

---

11 형식 전하 = 원자가전자수 − 비결합전자수 − $\dfrac{1}{2}$(결합전자수)

$P : 5-0-\dfrac{1}{2} \times 8 = +1$

$O : 6-6-\dfrac{1}{2} \times 2 = -1$

$Cl : 7-6-\dfrac{1}{2} \times 2 = 0$

12
① 폴리에스터 : $\left[-O-R_1-O-\overset{\displaystyle O}{\overset{\|}{C}}-R_2-\overset{\displaystyle O}{\overset{\|}{C}}- \right]_n$

② 폴리우레아 : $\left[\overset{\displaystyle O}{\underset{H}{\overset{\|}{N}}}-\underset{H}{N}-R-\overset{\displaystyle O}{\underset{H}{\overset{\|}{N}}}-\underset{H}{N}-R' \right]_n$

③ 폴리우레탄 : $\left[-\overset{O}{\overset{\|}{C}}-\underset{H}{N}-R-\underset{H}{N}-\overset{O}{\overset{\|}{C}}-O-R'-O- \right]_n$

④ 폴리아마이드 : $\left[-R-\overset{\displaystyle}{\underset{O}{\overset{\underset{|}{N}-H}{C}}}- \right]_n$

13 반도체 제조공정은 '단결정 성장−규소봉 절단−웨이퍼 제조−회로설계−마스크 제작−산화−감광제 도포−노광−현상−식각−이온 주입−박막형성−금속배선−선별 및 성형−최종검사'이다.

정답 및 해설 11.② 12.④ 13.③

14 사슬중합과 단계중합에 대한 설명으로 옳은 것만을 모두 고르면?

> ㉠ 사슬중합은 개시제가 반드시 필요하다.
> ㉡ 사슬중합에서는 시간에 따라 평균 분자량의 증가 속도가 느려진다.
> ㉢ 단계중합에서는 시간에 따라 단량체의 소모 속도가 느려진다.

① ㉠
② ㉠, ㉡
③ ㉡, ㉢
④ ㉠, ㉡, ㉢

15 탈수소반응(dehydrogenation)의 반응물과 생성물의 짝으로 옳지 않은 것은?

반응물	생성물
① n - 뷰테인(n - butane)	n - 뷰틸렌(n - butylene)
② 에틸벤젠(ethyl benzene)	스타이렌(styrene)
③ n - 헵테인(n - heptane)	톨루엔(toluene)
④ 아세트알데하이드(acetaldehyde)	에탄올(ethanol)

14 사슬 중합은 단량체들끼리 계속 추가되어 긴 사슬이 되는 반응이다.

　㉠ 대부분 개시제를 쓰나 반드시 개시제가 필요한 것은 아니다.

　㉡ 사슬 중합에서는 시간이 지남에 따라 평균 분자량의 증가 속도가 느려진다.

　㉢ 단계중합에서는 시간에 따라 단량체의 소모 속도가 느려진다.

15 탈수소 반응은 다음과 같이 일어난다.

①

(n-뷰테인)　　　　　　　　(n-뷰틸렌)

②

(에틸벤젠)　　　(스타이렌)

③

(n-헵테인)　　　　　　　　(톨루엔)

4분자의 수소(H_2)를 제거하면 톨루엔이 생성될 수 있다.

④ 탈수소 반응이 아니라 수소 첨가 반응이다.

(아세트알데히드)　　　(에탄올)

16 10몰의 에테인다이아민(ethanediamine)과 10몰의 아디프산(adipic acid)이 반응하여 합성된 고분자에서 말단 카르복실기의 총량이 0.1몰일 때, 고분자의 수평균 분자량은? (단, 합성된 고분자에서 반복단위의 분자량은 170이고, 말단기 분자량은 무시한다)

① 8,500

② 17,000

③ 34,000

④ 68,000

17 지용성 비타민으로만 묶은 것은?

① 비타민 A, 비타민 C, 비타민 E

② 비타민 A, 비타민 D, 비타민 K

③ 비타민 B, 비타민 D, 비타민 K

④ 비타민 C, 비타민 D, 비타민 E

18 원유 성분의 질량 함량에 대한 설명으로 옳은 것만을 모두 고르면?

> ㉠ 수소(H)가 질소(N)보다 크다.
> ㉡ 파라핀계 탄화수소가 올레핀계 탄화수소보다 크다.
> ㉢ 나프텐계 탄화수소 중 가장 큰 것은 벤젠이다.

① ㉠

② ㉡

③ ㉠, ㉡

④ ㉠, ㉡, ㉢

16 수평균 분자량은 다음의 식으로 구할 수 있다.

$$M_n = \frac{\sum_i N_i M_i}{\sum_i N_i} = \frac{\sum_i w_i}{\sum_i \frac{w_i}{M_i}} = \frac{M_0}{1-P}$$

문제에서 $1-P = 1 - \frac{10-0.1}{10} = 0.01$ 이므로 수평균 분자량은 $\frac{170}{0.01} = 17,000$ 이다.

17 지용성 비타민에는 비타민 A, D, E, K 등이 있고, 수용성 비타민에는 비타민 B 복합체, 비타민 C 등이 있다.

18 ㉠ 원유에 함유된 원소의 질량은 C > H > O > N 순이다.
ㄴ 원유에는 파라핀계 탄화수소가 올레핀계 탄화수소보다 크다.
ㄷ 나프텐계 탄화수소 중 가장 큰 것은 사이클로알케인이다. 벤젠은 방향족계 탄화수소이다.

정답 및 해설 16.② 17.② 18.③

19 α-결합을 갖는 포도당 중합체 ㈎와 β-결합을 갖는 포도당 중합체 ㈏에 대한 설명으로 옳은 것은?

① 아밀로스는 ㈎에 해당한다.

② 사람은 ㈎를 소화하지 못한다.

③ ㈎는 레이온(rayon)의 공업적 생산에 이용된다.

④ ㈏는 수소 결합을 하여 물에 잘 녹는다.

20 다음 반응의 생성물로 적절한 것은?

$$
\begin{array}{c}
\underset{|}{CH_2OCR} \\
\underset{|}{CHOCR} \\
CH_2OCR
\end{array}
\quad
\xrightarrow[\text{H}_3\text{O}^+]{\text{NaOH, H}_2\text{O}, \ \Delta}
$$

(각 탄소에 $\overset{O}{\overset{\|}{C}}$ 결합)

① $\underset{\substack{| \\ OH}}{CH_2} - \underset{\substack{| \\ OH}}{CH} - \underset{\substack{| \\ OH}}{CH_2}$, RCO_2H

② $\underset{\substack{| \\ OH}}{CH_2} - \underset{\substack{| \\ OH}}{CH} - \underset{\substack{| \\ OH}}{CH_2}$, RCH_2OH

③ $\underset{\substack{| \\ OR}}{CH_2} - \underset{\substack{| \\ OR}}{CH} - \underset{\substack{| \\ OR}}{CH_2}$, RCO_2Na

④ $\underset{\substack{| \\ OR}}{CH_2} - \underset{\substack{| \\ OR}}{CH} - \underset{\substack{| \\ OR}}{CH_2}$, HCO_2H

---

19 (가)는 α-포도당이 결합한 녹말, (나)는 β-포도당이 결합한 셀룰로오스이다.
① 녹말의 종류에 아밀로스가 있다.
② 사람은 (가)는 소화하고 (나)는 소화하지 못한다.
③ (나)는 레이온의 공업적 생산에 이용된다.
④ (가)와 (나)는 물에 잘 녹지 않는다.

20 주어진 반응은 산, 알칼리 촉매와 물을 첨가하여 반응시킨 가수분해이다. 따라서 생성물은
$\underset{\substack{| \quad | \quad |\\ OH \ \ OH \ \ OH}}{CH_2 - CH - CH_2}$ 와 RCO₂H이다.

정답 및 해설 19.① 20.①

1 다음 원유의 성분 중 상압에서 끓는점이 가장 낮은 것은?

① 경유   ② 중유
③ 등유   ④ 경질 나프타

2 폴리스타이렌(polystyrene)의 화학 구조식은?

① $\left(NH-(CH_2)_5-\underset{\underset{O}{\|}}{C} \right)_n$

② $\left(CH_2-\underset{\bigcirc}{CH} \right)_n$

③ $\left(CH_2-\underset{\underset{Cl}{|}}{CH} \right)_n$

④ $\left(CH_2-\underset{\underset{COOCH_3}{|}}{\overset{\overset{CH_3}{|}}{C}} \right)_n$

3 밑줄 친 원자의 산화수로 옳지 않은 것은?

① $H_2\underline{O}$: -2
② $\underline{Al}Cl_3$: $+3$
③ $\underline{Mg}SO_4$: $+1$
④ $Na_2\underline{C}O_3$: $+4$

1 원유의 분별증류에서 끓는점이 낮은 물질이 위쪽에서 나온다. 끓는점 순서는 LPG < 경질 나프타 < 중질 나프타 < 등유 < 경유 < 중유 < 아스팔트이다.

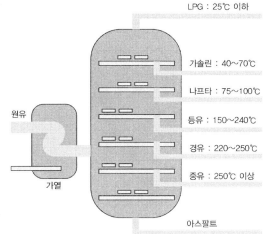

LPG : 25℃ 이하	가정용 연료
가솔린 : 40~70℃	자동차 연료
나프타 : 75~100℃	화학 약품 연료
등유 : 150~240℃	항공기 연료
경유 : 220~250℃	디젤 엔진 차량의 연료
중유 : 250℃ 이상	배 연료
아스팔트	도로 포장재의 연료

원유 가열

2

① $\left(NH-(CH_2)_5-\underset{\underset{O}{\overset{\|}{C}}}{}\right)_n$: 폴리아크릴로아마이드

② $\left(CH_2-CH\right)_n$ (with benzene ring) : 폴리스티렌

③ $\left(CH_2-\underset{\underset{Cl}{|}}{CH}\right)_n$: PVC(Polyvinyl Chloride)

④ $\left(CH_2-\underset{\underset{COOCH_3}{|}}{\overset{\overset{CH_3}{|}}{C}}\right)_n$: PMMA(polymethyl

3

① $\underset{+1\ -2}{H_2O}$

② $\underset{+3\ -1}{AlCl_3}$

③ $\underset{+2\ +6-2}{MgSO_4}$

④ $\underset{+1\ +6-2}{Na_2SO_4}$

4 비료의 3요소가 아닌 것은?

① 인

② 아연

③ 질소

④ 칼륨

5 계(system)에 대한 설명으로 옳지 않은 것은?

① 계의 종류로는 열린계(open system), 닫힌계(closed system), 고립계(isolated system)가 있다.

② 열린계는 계와 주위(surroundings) 사이에 물질 및 에너지 이동이 가능하다.

③ 닫힌계는 계와 주위 사이에 물질 이동이 불가능하나 에너지 이동이 가능하다.

④ 고립계는 계와 주위 사이에 물질 이동이 가능하나 에너지 이동이 불가능하다.

6 다음 반응이 300K, 표준상태에서 평형에 도달할 때, $\ln K$는? (단, K는 평형상수, $\triangle_r G^o$은 300K에서의 표준반응깁스에너지, 기체상수 R = 8 J mol^{-1} K^{-1}이다)

$$N_2(g) + 3H_2(g) \rightleftharpoons 2NH_3(g) \qquad \triangle_r G^o = -32 \text{ kJ mol}^{-1}$$

① $\dfrac{4}{3}$

② $\dfrac{40}{3}$

③ $\dfrac{400}{3}$

④ $\dfrac{4,000}{3}$

7 자발적 화학반응에 대한 설명으로 옳은 것은? (단, A는 계의 헬름홀츠(Helmholtz)에너지, H는 계의 엔탈피(enthalpy), S와 S_{surr}은 각각 계와 주위의 엔트로피(entropy)이다)

① $\triangle A > 0$

② $\triangle H < 0$

③ $\triangle S + \triangle S_{surr} > 0$

④ 반응물의 운동에너지가 생성물의 운동에너지보다 낮다.

---

4 비료의 3요소는 인(P), 질소(N), 칼륨(K)이다.

5 ① 계에는 열린계, 닫힌계, 고립계가 있다.
② 열린계는 계와 주위 사이에 물질 및 에너지 이동이 가능하다.
③ 닫힌계는 계와 주위 사이에 물질 이동은 불가능하나 에너지는 이동 가능하다.
④ 고립계는 계와 주위 사이에 물질과 에너지 이동이 모두 불가능하다.

6
$$\ln K = -\Delta G° / RT = \frac{-(-32 \times 10^3)}{8 \times 300} = \frac{4000}{300} = \frac{40}{3}$$

7 깁스 자유에너지($\Delta G = \Delta H - T \cdot \Delta S$)가 0보다 작을 때 자발적 반응이 일어난다.
• 압력이 일정할 때, G는 깁스 자유에너지, H는 엔탈피, S는 엔트로피, T는 절대온도
• 헬름홀츠 자유에너지($\triangle A = \triangle U - T\triangle S$)가 0보다 작을 때 자발적 반응이 일어난다.
• 부피가 일정할 때, A는 헬름홀츠의 자유에너지, U는 내부에너지, T는 절대온도
① $\Delta A < 0$일 때, 자발적 반응이 일어난다.
② ΔH만으로 자발적 반응을 판단할 수 없다.
③ $\Delta S + \Delta S_{surr}$은 우주 전체의 엔트로피이다. 자발적 반응은 우주 전체의 엔트로피가 증가하는 방향으로 일어난다.
④ 운동에너지만으로 자발적 반응을 판단할 수 없다.

정답 및 해설 4.② 5.④ 6.② 7.③

8 친핵성 치환반응에 대한 설명으로 옳은 것은?

① S_N1반응은 탄소양이온 중간체가 안정할수록 느려진다.

② S_N2반응은 기질(substrate)의 입체장애가 클수록 빨라진다.

③ S_N2반응의 반응속도는 기질의 농도에 영향을 받지 않는다.

④ S_N1반응에서 삼차 할로젠화 알킬이 일차 할로젠화 알킬보다 반응성이 크다.

9 다음 분자에서 sp^2 혼성 오비탈을 갖는 탄소와 sp^3 혼성 오비탈을 갖는 탄소의 개수를 옳게 짝 지은 것은?

sp^2	sp^3
① 2	3
② 2	4
③ 3	2
④ 3	3

10 천연가스에 대한 설명으로 옳은 것만을 모두 고르면?

> ㉠ 압축천연가스(Compressed Natural Gas)의 주성분은 메테인(CH_4)이다.
> ㉡ 액화천연가스(Liquefied Natural Gas)는 천연가스를 고온에서 팽창시켜 액화시킨 상태로 수분함량이 매우 높다.
> ㉢ 액화천연가스의 주성분은 메테인 하이드레이트(CH_4 hydrate)라는 결정성 물질이다.

① ㉠

② ㉡

③ ㉠, ㉢

④ ㉡, ㉢

---

8 ① S_N1반응은 탄소양이온 중간체가 안정할수록 빨라진다.
② S_N2반응은 기질의 입체장애가 클수록 느려진다.
③ S_N2반응의 반응속도는 기질의 농도에 영향을 받는다.
④ S_N1반응에서 탄소 차수가 클수록 반응이 빨라진다. 따라서 삼차 할로젠화 알킬이 일차 할로젠화 알킬보다 반응성이 크다.

9 정사면체 구조를 가진 원자 궤도함수를 이루는 원자는 중심원자가 sp^3 혼성 오비탈을 가진다. 1개의 s 오비탈과 2개의 p 오비칼이 혼성화되면 sp^2 혼성 오비탈을 가진다.

10 ㉠ 압축천연가스의 주성분은 메테인(CH_4)이다.
㉡ 액화천연가스는 천연가스를 저온에서 액화시켜 압축해 만든다.
㉢ 액화천연가스의 주성분은 메테인(CH_4)이다.

정답 및 해설 8.④ 9.④ 10.①

11 일정한 온도 T와 압력 P에서 V_{CH_4} m³의 메테인($CH_4(g)$)과 V_{H_2} m³의 수소($H_2(g)$)를 각각 완전 연소시켰을 때 발생하는 열이 같다. T와 P에서 $CH_4(g)$의 연소열이 $-60kJg^{-1}$이고 $H_2(g)$의 연소열이 $-160kJg^{-1}$일 때, $\dfrac{V_{CH_4}}{V_{H_2}}$는? (단, 메테인과 수소의 전화율(fractional conversion)은 각각 100%이고, 기체는 이상기체이며, C와 H의 원자량은 각각 12, 1이다)

① $\dfrac{1}{3}$

② $\dfrac{3}{8}$

③ $\dfrac{8}{3}$

④ 3

12 셀룰로오스에 대한 설명으로 옳은 것은?

① 단당류이다.

② 화학식은 $(C_6H_{12}O_6)_n$이다.

③ 셀룰로오스는 β-글리코사이드 결합(glycosidic linkage)을 가지고 있다.

④ α-글리코사이드 결합에 의해 연결된 아밀로오스와 아밀로펙틴으로 구성되어 있다.

13 계면활성제의 Hydrophilic-Lipophilic Balance(HLB)값과 용도에 대한 설명으로 옳은 것만을 모두 고르면?

> ㉠ 계면활성제는 HLB값이 낮을수록 친유성, 높을수록 친수성을 나타낸다.
> ㉡ HLB값은 계면활성제 분자 전체 구조의 분자량과 친수성기의 분자량을 알면 계산할 수 있다.
> ㉢ 세정(washing)용 계면활성제의 HLB값이 소포(antifoaming)용 계면활성제의 HLB값보다 작다.

① ㉠, ㉡

② ㉠, ㉢

③ ㉡, ㉢

④ ㉠, ㉡, ㉢

11 CH_4의 연소열은 $\dfrac{-60\text{kJ}}{\text{g}} \times \dfrac{16\text{g}}{1\text{몰}} = -960\text{kJ}/\text{몰}$, H_2의 연소열은 $\dfrac{-160\text{kJ}}{\text{g}} \times \dfrac{2\text{g}}{1\text{몰}} = -320\text{kJ}/\text{몰}$이다. 이 연소열이 같기 위해서

는 수소의 몰수가 메테인의 3배여야 한다. 일정한 온도와 압력에서 기체의 몰수는 부피에 비례하므로 $\dfrac{V_{CH_4}}{V_{H_2}} = \dfrac{1}{3}$이다.

12 ① 셀룰로오스는 단당류인 포도당$((C_6H_{12}O_6)_n)$이 결합하여 만들어진 다당류이다.
② 셀룰로오스는 포도당이 결합한 고분자이므로 화학식은 $(C_6H_{10}O_5)_n$이다.
③ 셀룰로오스는 β-글리코사이드 결합을 가지고 있다.
④ α-글리코아시드 결합에 의해 연결된 아밀로오스와 아밀로펙틴으로 구성되어 있는 것은 녹말이다.

13 ㉠ 계면활성제는 HLB값이 클수록 친수성, 낮을수록 친유성이다.
㉡ HLB값은 HLB = 20×M$_h$/M(M$_h$는 분자 친수성 부분의 분자 질량, M은 전체 분자의 질량)으로 구할 수 있다.
㉢ 세정은 계면활성제의 HLB값이 커야 한다. 소포제는 HLB값이 낮은 친유성 물질이다.

정답 및 해설 11.① 12.③ 13.①

14 무정형(amorphous) 고분자 A와 B에 대한 설명으로 옳은 것은? (단, $T_{g,A}$와 $T_{g,B}$는 각각 A와 B의 유리 전이 온도(glass transition temperature)이고, T_1은 $T_{g,A}$와 $T_{g,B}$사이($T_{g,B} < T_1 < T_{g,A}$)의 온도이다)

① B의 끓는점은 $T_{g,B}$이다.

② A의 녹는점은 $T_{g,A}$이다.

③ T_1에서 A는 유리상이다.

④ $T_{g,B}$ 이하의 온도에서 B는 결정을 형성한다.

15 전체 시료의 부피 대비 결정 영역의 부피가 20%인 poly(ethylene terephthalate)(PET) 시료의 밀도 $[gmL^{-1}]$는? (단, PET의 무정형 영역의 밀도는 $1.20 gmL^{-1}$이고 결정 영역의 밀도는 $1.40 gmL^{-1}$이다)

① 1.24

② 1.28

③ 1.32

④ 1.36

16 촉매에 대한 설명으로 옳은 것은?

① 촉매는 반응속도 상수를 변화시키지 않는다.

② 불균일 촉매는 반응물과 다른 상으로 존재한다.

③ 촉매는 화학반응에 대한 평형상수를 변화시킨다.

④ 촉매는 반응엔탈피를 증가시킨다.

17 DNA와 RNA에만 각각 존재하는 염기를 옳게 짝지은 것은?

	DNA	RNA
①	티민(thymine)	우라실(uracil)
②	아데닌(adenine)	우라실(uracil)
③	티민(thymine)	사이토신(cytosine)
④	아데닌(adenine)	사이토신(cytosine)

14

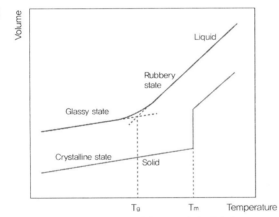

① $T_{g,B}$는 B의 유리전이온도이다. 끓는점이 아니다.

② $T_{g,A}$는 A의 유리전이온도이다. 녹는점이 아니다.

③ A의 유리전이온도보다 낮은 T_1에서 A는 유리상이다. 유리 전이온도보다 높으면 고무상이다.

④ B는 무정형 고분자이므로 $T_{g,B}$ 이하의 온도에서 결정을 형성하지 않는다. ⇒ 불규칙

15 무정형 영역은 1mL당 1.20g이고 결정 영역은 1mL당 1.40g이다. 전체 시료의 부피 대비 영역은 무정형 영역이 80%, 결정 영역이 20%이므로 1mL 속 질량은 $(1.20 \times 0.80) + (1.40 \times 0.20) = 1.24$g이다.

16 ① 촉매는 반응속도 상수를 변화시켜 반응속도를 변화시킨다.

② 불균일 촉매는 반응물과 다른 상으로 존재한다.

③ 촉매는 평형상태는 변화시키지 않는다. 따라서 화학반응에 대한 평형상수를 변화시킬 수 없다.

④ 촉매는 반응열을 변화시키지 않는다. 따라서 반응엔탈피를 변화시킬 수 없다.

17 DNA 염기는 A(아데닌), G(구아닌), C(사이토신), T(티민)이고 RNA 염기는 A(아데틴), G(구아닌), C(사이토신), U(우라실)이다.

정답 및 해설   14.③   15.①   16.②   17.①

18 다음 전지 반응의 환원전극(cathode)에서 일어나는 반응은?

$$Zn(s) + Ni^{2+}(aq) \rightarrow Zn^{2+}(aq) + Ni(s)$$

① $Zn^{2+}(aq) + 2e^- \rightarrow Zn(s)$

② $Ni^{2+}(aq) + 2e^- \rightarrow Ni(s)$

③ $Zn(s) \rightarrow Zn^{2+}(aq) + 2e^-$

④ $Ni(s) \rightarrow Ni^{2+}(aq) + 2e^-$

19 다음 질소 비료 중 질소 함량이 가장 높은 것은?

① 질산 칼슘

② 요소

③ 질산 암모늄

④ 황산 암모늄

20 웨이퍼 표면 위에 스핀 코팅(spin coating)을 통해 감광제를 도포하였다. 목표한 두께에 비해 도포된 감광제층이 얇을 경우 이를 개선하기 위한 방법은?

① 웨이퍼의 반경을 늘린다.

② 감광제 용액의 점도를 낮춘다.

③ 웨이퍼의 회전속도를 낮춘다.

④ 감광제 용액 내 고형분의 함량을 낮춘다.

18 전지의 산화 전극에서는 전자를 내놓는 산화 반응이 일어나고 환원 전극에서는 전자를 받아들이는 환원 반응이 일어난다.

산화 전극(− 극): $\mathrm{Zn}(s) \rightarrow \mathrm{Zn}^{2+}(aq) + 2\mathrm{e}^-$

환원 전극(+ 극): $\mathrm{Ni}^{2+}(aq) + 2\mathrm{e}^- \rightarrow \mathrm{Ni}(s)$

19 질소 비료 중 질소 성분이 많은 순서는 요소＞질안(질산암모늄)＞염안(염화암모늄)＞석회질소＞황안(황산암모늄)＞질산칼슘이다.

20 ① 웨이퍼의 반경을 늘리면 감광제층이 얇아진다.
② 감광제 용액의 점도를 낮추면 감광제층이 얇아진다.
③ 웨이퍼의 회전속도를 낮추면 감광제층의 도포량이 커지므로 두꺼워진다.
④ 감광제 용액 내 고형분의 함량을 낮추면 감광제층이 얇아진다.

정답 및 해설   18.②   19.②   20.③

1 다음 중 수용액에서 산의 세기가 가장 약한 화합물은?

① HF
② HI
③ HBr
④ HCl

2 다음 석유 제품 중 구성 성분의 평균 탄소 수가 가장 많은 것은?

① 등유
② 디젤
③ 가솔린
④ 아스팔트

3 DNA와 RNA에 대한 설명으로 옳지 않은 것은?

① RNA의 당은 리보오스(ribose)이다.
② DNA에 있는 4종류의 염기는 아데닌(A), 우라실(U), 시토신(C), 구아닌(G)이다.
③ 수소결합은 DNA가 이중 나선구조를 가지는 데 기여한다.
④ 유전정보를 저장하고 있는 DNA는 핵산(nucleic acid)의 한 종류이다.

4 섬유 식물 또는 목재를 기계적, 화학적으로 처리하여 얻은 셀룰로오스(cellulose) 섬유의 집합체는?

① 펄프(pulp)
② 레티놀(retinol)
③ 나프타(naphtha)
④ 글리세린(glycerin)

1 할로겐화 수소산의 경우, 원자의 크기가 크면 산의 세기가 크다. 따라서 산의 세기는 HF<HCl<HBr<HI 순이다.

2 원유의 분별증류탑에서 탄소수가 적으면 끓는점이 가장 낮아 상층에서 분리된다.

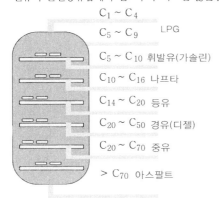

$C_1 \sim C_4$

$C_5 \sim C_9$ LPG

$C_5 \sim C_{10}$ 휘발유(가솔린)

$C_{10} \sim C_{16}$ 나프타

$C_{14} \sim C_{20}$ 등유

$C_{20} \sim C_{50}$ 경유(디젤)

$C_{20} \sim C_{70}$ 중유

$> C_{70}$ 아스팔트

3 ① DNA의 당은 디옥시리보스이다.
② DNA에 있는 4종류의 염기는 아데닌(A), 티민(T), 시토신(C), 구아닌(G)이다.
③ 수소결합은 폴리펩타이드 두 가닥이 이중 나선 구조의 DNA가 되는데 기여한다. (안쪽에 위치한 염기가 수소 결합으로 안정화)
④ 유전정보를 저장하고 있는 DNA와 유전정보의 전달 및 단백질 합성을 하는 RNA는 핵산에 속한다.

4 목재에서 섬유질 성분은 셀룰로오스이고 비섬유질 성분은 리그닌과 헤미셀룰로오스이다.
① 펄프의 주성분은 셀룰로우스이다.
② 레티놀은 비타민 A_1으로 알려져 있고 생선, 유제품, 고기에 포함되어 있다.
③ 나프타는 원유를 증류할 때 나오는 탄화수소이다.
④ 글리세린은 유지를 분해해서 얻는 무색, 무취의 액체로 합성수지를 만들 때 쓰거나 연고, 치약, 화장품 등을 만들 때 사용한다.

정답 및 해설 1.① 2.④ 3.② 4.①

5 원유의 상압 증류(distillation) 공정에 대한 설명으로 옳지 않은 것은?

① 탄화수소의 혼합물을 끓는점 차이로 분리한다.

② 증류탑의 위쪽으로 갈수록 끓는점이 높은 성분이 분리된다.

③ 원유 중의 염분을 제거하는 전처리 공정인 탈염 조작이 필요하다.

④ 증류액(distillate)의 일부를 환류(reflux)시켜 제품의 순도를 조절한다.

6 미국석유협회(American Petroleum Institute)가 제정한 API도에 따른 원유 분류법에 대한 설명으로 옳지 않은 것은?

① 원유의 비중이 클수록 API도는 작다.

② 60°F에서 물과 밀도가 같은 원유의 API도는 10이다.

③ API도가 20인 원유는 중질유(heavy crude oil)로 분류된다.

④ API도는 파라핀기유(paraffin-base oil)가 나프텐기유(naphthene-base oil)보다 작다.

7 다음에서 설명하는 고분자는?

• 투명하고 기계적 강도가 크다.

• 내열성과 내한성이 있다.

• 포스겐(phosgene)과 비스페놀-A(bisphenol-A)가 반응하여 생성된다.

---

① 페놀 수지(phenol resin)

② 폴리카보네이트(polycarbonate)

③ 폴리비닐알코올(poly(vinyl alcohol))

④ 폴리에틸렌테레프탈레이트(poly(ethylene terephthalate))

5 ① 원유의 상압증류는 탄화수소 혼합물을 끓는점 차이로 분리한다.
② 상압증류에서 증류탑의 위쪽으로 갈수록 끓는점이 낮은 성분이 분리된다.
③ 상압증류에서 전처리 공정으로 원유 중 염분을 제거하는 탈염 조작이 필요하다.
④ 증류탑에서 증류액의 일부를 환류시켜 제품의 순도를 조절한다.

6 API도는 $API = \dfrac{141.5}{\text{비중}(60/60°F)} - 131.5$

이다. 비중은 물의 밀도(60°F)와 석유의 밀도(60°F)의 비이다. 일반적으로 탄소수가 많을수록 비중이 커져 API가 낮다.
① 원유의 비중이 클수록 API도는 작다.
② 60°F에서 물과 밀도가 같은 원유의 API도는 10(=141.5-131.5)이다.
③ API도가 20인 원유는 중질유로 분류된다.
④ API도가 경질유인 파라핀기유가 중질류인 나프텐기유보다 크다.

7 폴리카보네이트는 대표적인 엔지니어링 플라스틱이며 비스페놀A와 포스겐을 반응시켜 만든다. 투명하고 기계적 강도가 크고 절연성, 내충격성, 가공성, 내열성, 내한성 등이 있다.

정답 및 해설 5.② 6.④ 7.②

8 원자가 껍질 전자쌍 반발(VSEPR) 이론에 근거할 때, 분자의 성질에 대한 설명으로 옳은 것은?

① O_3는 비극성이다.

② SO_3는 비극성이다.

③ SF_4는 비극성이다.

④ PCl_5는 극성이다.

9 다음 중 포화 지방산은?

① 올레산(oleic acid)

② 리놀레산(linoleic acid)

③ 리놀렌산(linolenic acid)

④ 스테아르산(stearic acid)

10 탄소, 수소, 산소 원소로만 구성된 고분자만을 나열한 것은?

① 페놀 수지, 폴리에테르, 에폭시 수지

② 요소 수지, 멜라민 수지, 폴리우레탄

③ 폴리에틸렌, 폴리프로필렌, 폴리우레탄

④ 폴리아마이드, 폴리우레탄, 에폭시 수지

8 ① O_3는 다음과 같은 공명 구조를 가지며 굽은형으로 극성이다.

② SO_3에서 S는 팔전자 규칙의 예외로 다음과 같은 구조를 가지며 비극성이다.

③ SF_4에서 S는 팔전자 규칙의 예외로 비공유 전자수가 2개인 다음과 같은 구조를 가지며 비극성이다.

④ PCl_5에서 P는 팔전자 규칙의 예외로 다음과 같은 삼각 쌍뿔형구조를 가지며 비극성이다.

9 포화 지방산은 모든 탄소가 수소와 결합하여 이중결합이 없는 구조를 가진 지방산이다. 주로 동물성 식품에 많고 팔미트산, 스테아르산 등이 이에 속한다. 불포화지방산은 분자 내에 이중결합을 갖고 있는 지방산으로 올레산, 리놀레산, 리놀렌산 등이 있다.

10 ① 페놀 수지, 폴리에테르, 에폭시 수지는 탄소, 수소, 산소 원소만으로 구성된 고분자이다.
②, ③, ④ 요소 수지, 멜라민 수지, 폴리우레탄, 폴리아마이드에는 질소 원소가 들어 있다.

정답 및 해설 8.② 9.④ 10.①

11 다음 중 고분자의 구조와 명칭을 바르게 연결한 것은?

구조	명칭
① (가)	폴리스타이렌(polystyrene)
② (나)	폴리아크릴로나이트릴(polyacrylonitrile)
③ (다)	폴리염화비닐(poly(vinyl chloride))
④ (라)	폴리메틸메타크릴레이트(poly(methyl methacrylate))

12 다음 (가), (나)에 들어갈 용어를 바르게 연결한 것은?

> 나일론 6은 원료인 [(가)]의 [(나)] 반응으로 제조된다.

	(가)	(나)
①	아디프산	축합중합(condensation polymerization)
②	부타디엔	부가축합(addition condensation)
③	ε-카프로락탐	개환중합(ring-opening polymerization)
④	아크릴로나이트릴	부가중합(addition polymerization)

11 ㈎ 폴리아크릴로나이트릴

$$\left[\begin{array}{cc} H & CN \\ | & | \\ C - C \\ | & | \\ H & H \end{array} \right]_n$$

㈏ 폴리스티렌

$$\left[\begin{array}{cc} H & C_6H_5 \\ | & | \\ C - C \\ | & | \\ H & H \end{array} \right]_n$$

㈐ 폴리염화비닐

$$\left[\begin{array}{cc} H & Cl \\ | & | \\ C - C \\ | & | \\ H & H \end{array} \right]_n$$

㈑ 폴리에틸렌테레프탈레이트

$$\left[\begin{array}{c} CH_3 \\ | \\ -\!\!\bigcirc\!\!-C-\!\!\bigcirc\!\!-O-C(=O)-O- \\ | \\ CH_3 \end{array} \right]_n$$

－폴리메틸메타크릴레이트

$$\left[\begin{array}{c} CH_3 \\ | \\ -CH_2C- \\ | \\ COOCH_3 \end{array} \right]_n$$

12 나일론 6은 원료인 ㈎ ε –카프로락탐의 ㈏ 개환중합 반응으로 제조된다.
　 －나일론 –6,6은 헥사메틸렌디아민과 아디프산의 탈수 축합 반응으로 제조된다.

정답 및 해설　11.③　12.③

13 다음 반응의 명칭은?

① Reppe 반응

② Michael 반응

③ Diels-Alder 반응

④ Kolbe-Schmitt 반응

14 다음 반응의 주 생성물은?

①

②

③

④

15 암모니아 소다법(Solvay process)의 반응물 또는 생성물이 아닌 것은?

① CO_2

② $CaCl_2$

③ NH_4Cl

④ $NaHSO_4$

---

13 ① Reppe 반응은 금속카르보닐 촉매하에 올레핀, 알킨, 알코올 등과 일련의 유기화합물을 합성하기 위한 반응으로 탄소수를 증가시키는 반응이다.

② 주어진 반응은 염기성 촉매의 존재하에서 α, β 불포화카보닐화합물 및 α, β 불포화나이트릴 등 이중결합에 활성이 큰 메틸렌을 가진 화합물이 첨가되는 친핵성 첨가 반응인 Michael 반응이다.

③ Diels-Alder 반응은 콘쥬게이트된 다이엔(conjugated diene)과 친다이엔체(dienophile)라 부르는 알켄(alkene)이 반응하여 사이클로헥센(cyclohexene)이 형성되는 고리화 반응이다.

diene   dieneophile

④ Kolbe-Schmitt 반응은 방향족화합물을 직접 카르복실화시키는 반응이다. 강알칼리성, 고온, 고압, 이산화탄소 조건하에서 페놀로부터 살리실산을 합성하는 방법이다. 주로 아스피린의 공업적 생산에 이용된다.

14 주어진 반응은 Friedel-craft 알킬화 반응이다.

15 암모니아 소다법과 관련이 없는 물질은 아황산수소나트륨($NaHSO_4$)이다.
암모니아 소다법은 먼저 소금 수용액을 반응시켜 탄산수소나트륨($NaHCO_3$)을 침전시킨 후, 탄산소다(Na_2CO_3)를 얻는다. 그 다음 탄산수소나트륨을 여과한 액(NH_4Cl)에 수산화칼슘을 첨가하여 암모니아를 얻는다. 반응식은 다음과 같다.

$2NH_4Cl + Ca(OH)_2 \rightarrow CaCl_2 + 2NH_3 + H_2O$

$CO_2 + NH_3 + H_2O \rightarrow NH_4HCO_3$

$NaCl + NH_4HCO_3 \rightarrow NH_4Cl + NaHCO_3$

$2NaHCO_3 \rightarrow Na_2CO_3 + H_2O + CO_2$

16 수소 제조법으로 옳지 않은 것은?

① 물을 전기분해하여 제조한다.

② 천연가스를 개질하여 제조한다.

③ 경질유를 탈황시켜 제조한다.

④ 중질유 또는 석탄을 부분 산화시켜 제조한다.

17 천연가스의 수증기 개질 반응으로 생성된 혼합물에서 이산화탄소를 포집·저장하고 얻은 수소는?

① 블루 수소(blue hydrogen)

② 그린 수소(green hydrogen)

③ 그레이 수소(gray hydrogen)

④ 화이트 수소(white hydrogen)

18 25℃ 수용액에서 다음의 표준 환원 전위(E_{red}°)를 갖는 전극 A, B로 구성된 전지의 기전력[V]은? (단, SHE는 표준 수소 전극의 전위이다)

$A^{2+}(aq) + 2e^- \rightarrow A(s)$	$E_{red}^{\circ} = -1.6 \text{ V vs. SHE}$
$B^+(aq) + e^- \rightarrow B(s)$	$E_{red}^{\circ} = -0.2 \text{ V vs. SHE}$

① 0.6

② 1.2

③ 1.4

④ 1.8

16 수소를 만드는 방법에는 ① 물의 전기 분해, ② 천연가스의 개질, ④ 중질유 또는 석탄의 부분 산화 등이 있다.

17 ① 천연가스의 수증기 개질 반응으로 생성된 혼합물에서 이산화탄소를 포집, 저장하고 얻은 수소는 블루 수소이다.
　　② 석유화학 공정에서 부수적으로 얻은 수소나 천연가스를 고온, 고압에서 분해해 생성한 수소는 많은 양의 이산화탄소를 만든다. 이렇게 얻은 수소를 그레이 수소라고 한다.
　　③ 태양광, 풍력, 수력 등으로 생산된 전기로 물을 분해하여 얻은 수소를 그린 수소라고 한다. 이산화탄소를 발생시키지 않는다.
　　④ 화이트 수소는 땅속에서 자연적으로 만들어진 수소를 말한다.

18 표준 환원 전위가 큰쪽이 환원 전극, 작은 쪽이 산화전극이므로
　　$E°(cell) = E°(환원전극) - E°(산화전극)$의 식에서 $-0.2-(-1.6)=+1.4$이다.

정답 및 해설　16.③　17.①　18.③

19 계면활성제에 대한 설명으로 옳지 않은 것은?

① 피리디늄염은 암모늄염형의 계면활성제로서 양이온성이다.

② 알킬황산염 수용액의 세정력은 테트라알킬암모늄염을 첨가하면 향상된다.

③ 유지를 수산화나트륨으로 비누화하여 합성한 비누는 카르복실산염 계면활성제이다.

④ Hydrophile–Lipophile Balance (HLB) 값이 클수록 친수성이 크다.

20 다음 주기율표를 참고하여 p형 반도체만을 모두 고르면?

주기 \ 족	2		13	14	15
2	Be		B	C	N
3	Mg		Al	Si	P
4	Ca	···	Ga	Ge	As

> ㉠ As가 도핑된 Si
> ㉡ Be가 도핑된 AlP
> ㉢ As의 일부가 Ge로 치환된 GaAs

① ㉠

② ㉡

③ ㉡, ㉢

④ ㉠, ㉡, ㉢

19 ① 피리디늄염은 암모늄염형의 계면활성제로서 양이온성이다.

    ② 알킬황산염 수용액은 음이온성 계면활성제이고 세정력은 테트라알킬암모늄염은 양이온성 계면 활성제이다. 세정력이 강한 음이온성 계면활성제에 세정력이 약한 양이온성 계면활성제를 첨가하면 향상된다.

    ③ 유지를 수산화나트륨으로 비누화하여 합성한 비누는 카르복실산염 계면활성제이다.

    ④ Hydrophile-Lipophile Balance(HLB) 값이 크면 친수성이 크고 작으면 친유성이 크다.

20 p형 반도체는 양공이 전기전도성에 기여하는데, 14족인 Si, Ge에 13족 원소를 도핑하여 만든다.

    ㉠ 15족인 As가 도핑된 Si는 전자가 전기전도성에 기여하는 n형 반도체이다.

    ㉡ 2족인 Be가 도핑된 AlP는 양공이 전기전도성에 기여하는 p형 반도체이다.

    ㉢ 15족인 As의 일부가 14족인 Ge로 치환되면 전자가 부족해지므로 GaAs는 p형 반도체이다

정답 및 해설 19.② 20.③

1 열경화성 고분자인 것은?

① 폴리스타이렌(polystyrene)

② 폴리에틸렌(polyethylene)

③ 폴리염화비닐(polyvinylchloride)

④ 에폭시 수지(epoxy resin)

2 옥탄가(octane number) 0의 기준이 되는 연료는?

① n−옥테인(n−octane)

② n−헵테인(n−heptane)

③ 2,2,4−트라이메틸펜테인(2,2,4−trimethylpentane)

④ 2,2,4−트라이메틸헵테인(2,2,4−trimethylheptane)

3 유기화합물의 산화반응에 해당하는 것은? (단, R은 알킬기이다)

① $2CH_3CHO + O_2 \rightarrow 2CH_3COOH$

② $RCN + 2H_2 \rightarrow RCH_2NH_2$

③ $C_6H_4(CH_3)_2 + 3H_2 \rightarrow C_6H_{10}(CH_3)_2$

④ $ROH + H_2 \rightarrow RH + H_2O$

4 탄소의 중량 함량이 90%를 초과하는 석탄은?

① 갈탄　　　　　　　　　　　② 무연탄
③ 역청탄　　　　　　　　　　④ 아탄

5 방향족 화합물의 Friedel-Crafts 알킬화 반응에 이용되는 촉매만을 나열한 것은?

① $AlCl_3$, BF_3

② $AlCl_3$, KOH

③ BF_3, NaOH

④ KOH, NaOH

---

1 열경화성 고분자에는 폴리에스테르(polyester), ④ 에폭시(epoxy), 폴리우레탄(polyurethane), 페놀(phenol) 등이 있다.
　열가소성 고분자에는 ② 폴리에틸렌(polyethylene, PE), 폴리프로필렌(polypropylene, PP), 나일론(nylon), 폴리옥시메틸렌
(polyoxymethylene, POM), ① 폴리스티렌(polystyrene, PS), ③ 폴리염화비닐(polyvinyl chloride, PVC), 폴리카보네이트
(polycarbonate, PC) 등이 있다.

2 옥탄가는 가솔린의 노킹(불균일한 연소) 정도를 측정하는 값으로, 안티노크성이 높은 2,2,4-트라이메틸펜테인(아이소옥테인)
을 100, 안티노크성이 낮은 n-헵테인을 0으로 기준 삼는다.

3 산화 반응은 산소를 얻는 반응, 수소를 잃는 반응, 전자를 잃는 반응, 산화수가 증가하는 반응이다. 환원 반응은 산소를 잃
는 반응, 수소를 얻는 반응, 전자를 얻는 반응, 산화수가 감소하는 반응이다.
　① $2CH_3CHO + O_2 \rightarrow 2CH_3COOH$: 산소를 얻음(산화)
　② $RCN + 2H_2 \rightarrow RCH_2NH_2$: 수소를 얻음(환원)
　③ $C_6H_4(CH_3)_2 + 3H_2 \rightarrow C_6H_{10}(CH_3)_2$: 수소를 얻음(환원)
　④ $ROH + H_2 \rightarrow RH + H_2O$: 수소를 얻음(환원)

4 ① 갈탄은 탄소 함량이 70~78%이다.
　② 무역탄은 탄소 함량이 90%이상이다.
　③ 역청탄은 탄소 함량이 83~90%이다.
　④ 아탄은 탄소 함량이 70%이하이다.

5 Friedel-Crafts 알킬화 반응은 방향족 화합물의 벤젠 고리의 수소 대신 알킬기를 치환하는 반응으로 촉매로는 Lewis 산촉매
인 $AlCl_3$, FeCl, BF_3 등을 사용한다.

정답 및 해설 1.④ 2.② 3.① 4.② 5.①

6 불포화 액상 유지에 수소를 첨가하여 고상 유지로 전환시키는 공정은?

① 유화

② 경화

③ 탄화

④ 열화

7 플라스틱 제품에서 파이프, 튜브, 시트의 연속 제조에 적합한 고분자 가공법은?

① 열 성형(thermoforming)

② 사출(injection) 성형

③ 압출(extrusion) 성형

④ 압축(compression) 성형

8 다음 연속 반응의 주생성물 (가)는? (단, THF는 tetrahydrofuran이고, LDA는 lithium diisopropylamide이다)

①

②

③

④

9 탄화칼슘을 질소 분위기로에서 가열하여 제조하는 비료는?

① 요소

② 질안

③ 석회질소

④ 황안

---

6 ① 유화는 물과 기름처럼 서로 섞이지 않는 성질의 물질을 계면활성제를 이용하여 섞이게 하는 공정이다.
② 경화는 액체 상태인 불포화 유지에 수소를 첨가하여 고체 포화 유지로 만드는 공정이다.
③ 탄화는 유기물질이 건류하여 탄소로 변화되는 것을 말한다.
④ 열화는 물질이 열, 빛 등을 받아 그 성질이 변화하여 기능이 떨어지는 것을 말한다.

7 ① 열 성형은 가소성 온도로 가열하여 플라스틱을 금형에 맞춰 성형한 후, 재단하는 방식이다. 열가소성 수지를 만들 때 사용한다. 시트로 된 제품을 제조하는 데 적합하다.
② 사출 성형은 플라스틱 소재를 가열해 녹인 후, 금형에 고압으로 주입하여 성형하는 방식이다. 열가소성 수지를 만들 때 사용한다. 가장 많이 활용되는 방식으로 일회용 숟가락, 휴대전화 등 다양한 제품을 만드는 데 이용된다.
③ 압출 성형은 플라스틱 원료를 압출기에 공급하고 금형에서 밀어내어 성형하는 방식이다. 열가소성 수지를 만들 때 사용한다. 필름, 파이프, 막대기 등 길이 방향으로 단면이 일정한 제품을 만드는 데 적합하다.
④ 압축 성형은 가열한 금형에 분말 상태의 재료를 넣은 후, 유동 상태가 되면 높은 압력을 가해 성형한다. 열경화성 수지를 만들 때 사용한다. 욕조 등 대형 구조물을 만드는 데 적합하다.

8

9 ① 요소 비료는 암모니아와 이산화 탄소의 반응으로 합성한다.
② 질안은 질산 용액을 암모니아로 중화시켜 만든다.
③ 석회질소는 탄화칼슘을 질소 가스 속에서 1,000℃로 가열하여 만든다. 비료, 화약의 원료이다.
④ 합성 황안은 중화조에서 황산과 암모니아를 반응시켜 얻는다.

정답 및 해설 6.② 7.③ 8.② 9.③

10 회분식 반응기에서 배양되는 세포의 성장 곡선의 각 단계에 대한 설명으로 옳은 것은?

① '성장기'에 세포가 새로운 배지에 접종되어 성장에 필요한 효소를 합성하기 시작한다.
② '감속기'에 세포 농도가 감소한다.
③ '정지기'는 '성장기'보다 먼저 나타난다.
④ '성장기'에 세포의 성장 속도가 가장 빠르다.

11 유지의 비누화 반응에 대한 설명으로 옳지 않은 것은?

① 산촉매 조건에서 반응 시 아마이드 화합물이 생성된다.
② 에스터 화합물을 사용한 글리세린 제조에 이용된다.
③ 금속수산화물이 반응에 사용된다.
④ 생성물은 지방산금속염과 알코올을 포함한다.

12 다음 경유 제조를 위한 석유의 정제 공정을 순서대로 바르게 나열한 것은?

A. 상압증류	B. 스트리핑(stripping)
C. 탈염공정	D. 수소화 정제

① A → B → C → D
② A → C → D → B
③ C → A → B → D
④ C → D → B → A

10 회분식 반응기에서 배양되는 세포의 성장 5단계는 다음과 같다.

(1) **지연기** : 세포가 새로운 배지에 접종되어 새로운 환경에 적응하면서 성장에 필요한 효소를 합성한다.

(2) **성장기** : 세포의 복제 속도가 최대인 기간이다.

(3) **감속기** : 영양소 고갈, 독성 물질 축적으로 인해 성장 속도가 급격히 떨어진다. (세포의 농도는 증가하지만 농도의 증가 속도가 느림)

(4) **정지기** : 성장 속도와 사멸 속도가 같아 알짜 성장 속도 '0'

(5) **사멸기** : 세포들이 사멸하여 세포 수 감소

11 비누화 반응은 고급 지방산 에스터과 강한 염기가 만나 알코올과 비누가 생성되는 반응이다.

| Triglyceride | Sodium hydroxide | Glycerol | soap |

① 비누화 반응에서 산촉매를 이용하면 유지의 가수분해가 일어나서 글리세리린과 지방산이 생성된다.

트리글리세라이드   물   글리세롤   지방산

② 비누화 반응으로 에스터 화합물을 사용한 글리세린이 생산된다.

③ 비누화 반응에는 금속수산화물인 NaOH, KOH가 사용된다.

④ 비누화 반응의 생성물은 지방산금속염과 알코올을 포함한다.

12 원유는 공정에 투입되기 전에 수분을 제거한다. 저장탱크에서 나온 수분을 제거한 원유는 C. <u>탈염공정</u>을 거쳐 염분을 제거해야 장치를 부식시키거나 가열로 열교환기, 증류탑 등에 장애를 일으키지 않는다. 탈염공정을 거친 원유는 열교환기를 거쳐 240~260℃ 온도가 된 후, 가열로에 도달한다. 가열로에서는 340~360℃까지 가열되어 A. <u>상압증류</u> 장치로 이동된다. 상압 증류 장치에서는 끓는점 차에 따라 LPG, 나프타, 등유, 경유, 중유 등으로 분리된다. 품질에 맞는 등유, 경유, 윤활유를 얻기 위해서는 끓는점이 낮은 탄화수소를 제거해야 하는데 그 과정을 B. <u>스트리핑</u>이라 한다. 석유유분 속에 수증기를 불어넣는 과정이다. 경유는 촉매 존재하에 고온, 고압하에서 분해하는 D. <u>수소화 정제</u>를 거친다. 이 과정에서 탈황, 탈질소, 수소화가 이루어진다.

정답 및 해설 10.④ 11.① 12.③

13 다음의 고분자 중합반응에서 중합 후 고분자의 수평균중합도는? (단, A − B는 A와 B를 말단기로 갖는 단량체이다)

중합 전	A − B A − B A − B A − B A − B A − B A − B A − B A − B A − B A − B A − B

⇩

중합 후	A − B − A − B A − B − A − B A − B − A − B A − B − A − B A − B A − B A − B A − B

① $\dfrac{1}{3}$ 　　　　　　　　　　② $\dfrac{2}{3}$

③ $\dfrac{3}{2}$ 　　　　　　　　　　④ 3

14 효소의 특징에 대한 설명으로 옳지 않은 것은?

① 등전점(isoelectric point)에서 효소의 알짜 전하는 0이다.
② 효소 고정화에 의해 기질에 대한 효소 활성은 증가한다.
③ 효소의 활성 부위 특성과 입체 구조 특징에 따라 반응속도는 변할 수 있다.
④ 효소의 고정화 방법은 흡착(adsorption)과 공유결합(covalent binding) 등이 있다.

15 비료의 3요소 중 어느 것도 포함하지 않는 간접비료는?

① 퇴비
② 황산칼륨
③ 인산칼슘
④ 산화칼슘

16 암모니아 생산을 위한 하버(Haber) 공정에 사용되는 주촉매의 성분은?

① 철

② 알루미늄

③ 칼슘

④ 마그네슘

---

13 수평균 중합도는 $\overline{X_n} = \dfrac{\sum n_i \, \mathrm{DP}_i}{\sum n_i}$ (n_i 는 각 고분자 수, DP_i 는 각 고분자 중합도)의 식으로 구할 수 있다. 중합 전은 단량체가 12개, 중합 후는 이량체가 4개, 단량체가 4개 존재한다. 단량체의 분자량을 χ라고 하면 수 평균 분자량은 $\dfrac{3}{2}$ (= $\dfrac{4 \times 2 + 4 \times 1}{4 + 4}$)이다.

14 ① 효소는 단백질인데, 단백질은 아미노산으로 이루어져 있다. 아미노산은 + 극성을 갖는 아미노기와 − 극성을 갖는 카복실기가 함께 있는 분자로 양성 분자이므로 효소에는 많은 수의 양전하와 음전하가 있다. 그래서 단백질을 용액에 넣을 경우, 단백질의 극성과 용액의 +, −가 똑같은 pH가 존재하는데, 이 점을 등전점이라고 한다.

② 효소는 기질 특이성이 있는데, 특정 반응물의 기질과 효소의 부위와 결합하는 부분을 활성 부위라고 한다. 기질 부위 특성과 입체 구조 특성에 따라 반응속도가 변한다.

③ 효소는 기질 특이성이 있는데, 특정 반응물의 기질과 효소의 부위와 결합하는 부분을 활성 부위라고 한다. 기질 부위 특성과 입체 구조 특성에 따라 반응속도가 변한다.

④ 효소의 고정화 방법은 공유결합, 물리적 흡착, 이온교환수지에 효소를 이온결합 등이다.

15 비료의 3요소는 질소, 인, 칼륨이다.

① 퇴비에는 질소, 인 칼륨이 들어 있다.

② 황산칼륨에는 칼륨 성분이 들어 있다.

③ 인산칼륨에는 칼륨 성분이 들어 있다.

④ 산화칼슘에는 비료의 3요소의 성분은 들어 있지 않지만, 식물의 세포막을 강하게 하고 병에 강하게 하며 뿌리의 발육을 돕는 간접비료이다.

16 암모니아 생산을 위한 하버 공정의 반응식은 다음과 같다.

$$N_2 + 3H_2 \xrightarrow[\text{철촉매}]{\text{고온 고압}} 2NH_3$$

정답 및 해설 13.③ 14.② 15.④ 16.①

17 유기발광다이오드(Organic Light Emitting Diode, OLED)에 대한 설명으로 옳지 않은 것은?

① 음극(cathode)으로 ITO(indium tin oxide)가, 양극(anode)으로 금속 박막이 주로 사용된다.

② OLED에 전압 인가 시 '전자 및 정공의 주입, 이동, 재결합, 빛의 생성 및 방출'의 과정이 진행된다.

③ OLED의 발광 물질로 전도성 공액 고분자를 사용한다.

④ 시야각이 넓고, 응답속도가 빠른 디스플레이 구현이 가능하다.

18 과망가니즈산칼륨($KMnO_4$)과 반응하여 카복실산을 생성하는 것은?

① 2-프로판올(2-propanol)

② 에탄올(ethanol)

③ 1,1-디메틸에탄올(1,1-dimethylethanol)

④ 메틸에틸케톤(methylethylketone)

19 실리콘 잉곳(silicon ingot)을 만드는 쵸크랄스키(Czochralski) 공정에 대한 설명으로 옳지 않은 것은?

① 단결정 실리콘 씨앗(seed)을 다결정 실리콘 용융액에 접촉 후, 씨앗을 서서히 끌어올려 단결정 실리콘 잉곳을 제작한다.

② 실리콘 씨앗을 끌어올리는 속도 및 실리콘 용융액의 온도는 실리콘 잉곳의 품질과 관련된 공정변수이다.

③ 실리콘 씨앗과 실리콘 용융액의 접촉 및 결정 성장은 초고순도 산소 분위기에서 진행된다.

④ 실리콘의 전기적 특성 조절을 위해 다결정 실리콘 원료와 함께 도판트(dopant)를 첨가한다.

20 반도체의 제조공정에서 사용되는 감광제(photoresist)에 관한 설명으로 옳은 것은?

① 노광을 통해 분해되는 음성(negative) 감광제와 고분자화가 진행되는 양성(positive) 감광제로 구분된다.

② 사진공정(photolithography)은 '감광제 도포 → 현상 → 노광 → 식각'의 순서로 진행된다.

③ 산화 실리콘 막과 도포된 감광제는 현상 공정을 통해 제거된다.

④ 양성 감광제는 수성현상액을, 음성 감광제는 유기용매 현상액을 사용한다.

---

17 ① OLED는 음극(cathode)으로 알루미늄과 은·마그네슘 합금, 칼슘 등의 금속 박막이, 양극(anode)으로 ITO(indium tin oxide)가 주로 사용된다.

② OLED에 전압 인가 시 '전자 및 정공의 주입, 이동, 재결합, 빛의 생성 및 방출'의 과정이 진행된다.

③ OLED의 발광 물질로 전도성 공액 고분자 전해질을 사용한다.

④ OLED는 시야각이 넓고, 응답속도가 빠른 디스플레이 구현이 가능하다.

18 에탄올은 산화제인 과망가니즈산칼륨(KMnO₄)과 반응하여 카복실산을 생성한다.

$$R-CH_2-OH \xrightarrow{\quad [O] \quad} R-C\begin{smallmatrix} O \\ \\ OH \end{smallmatrix}$$

반응식에서 [O]는 산화제로 과망가니즈산 칼륨(KMnO₄), 사산화 루테늄(RuO₄), TEMPO(2,2,6,6-테트라메틸피페리딘-1-일 또는 2,2,6,6-테트라메틸피페리딘-1-일) 등이다.

19 ① 단결정 실리콘 씨앗(seed)을 다결정 실리콘 용융액에 접촉 후, 씨앗을 서서히 끌어올려 단결정 실리콘 잉곳을 제작한다.

② 실리콘 씨앗을 끌어 올리는 속도 및 실리콘 용융액의 온도는 실리콘 잉곳의 품질과 관련된 공정변수이다.

③ 실리콘 씨앗과 실리콘 용융액의 접촉 및 결정 성장은 산소가 없는 환경에서 진행된다. 주로 아르곤을 사용한다.

④ 실리콘의 전기적 특성 조절을 위해 다결정 실리콘 원료와 함께 도판트(dopant)를 첨가한다.

20 ① 노광을 통해 분해되는 양성(positive) 감광제와 고분자화가 진행되는 음성(negative) 감광제로 구분된다.

② 사진공정(photolithography)은 '감광제 도포 → 노광 → 현상 → 식각'의 순서로 진행된다.

③ 산화 실리콘 막과 도포된 감광제는 노광 공정을 통해 제거된다.

정답 및 해설 17.① 18.② 19.③ 20.④

자격증

한번에 따기 위한 서원각 교재

한 권에 준비하기 시리즈 / 기출문제 정복하기 시리즈를 통해 자격증 준비하자!